Matthias Meyer
Stefan Weingärtner
Fabian Döring

Kundenmanagement in der Network Economy

Matthias Meyer
Stefan Weingärtner
Fabian Döring

Kundenmanagement in der Network Economy

Business Intelligence mit CRM und e-CRM

Die Deutsche Bibliothek – CIP-Einheitsaufnahme
Ein Titeldatensatz für diese Publikation ist bei
Der Deutschen Bibliothek erhältlich.

1. Auflage November 2001

Der Verlag Vieweg ist ein Unternehmen der Fachverlagsgruppe BertelsmannSpringer.
www.vieweg.de

Gedruckt auf säurefreiem und chlorfrei gebleichtem Papier.

Die Wiedergabe von Gebrauchsnamen, Handelsnamen, Warenbezeichnungen usw. in diesem
Werk berechtigt auch ohne besondere Kennzeichnung nicht zu der Annahme, dass solche Namen
im Sinne der Warenzeichen- und Markenschutz-Gesetzgebung als frei zu betrachten wären und
daher von jedermann benutzt werden dürften.

Konzeption und Layout des Umschlags: Ulrike Weigel, www.CorporateDesignGroup.de

ISBN-13: 978-3-322-88907-2   e-ISBN-13: 978-3-322-88906-5
DOI: 10.1007/978-3-322-88906-5

Vorwort

Das vorliegende Buch gibt eine systematische Einführung in das Customer Relationship Management unter besonderer Berücksichtigung der neuen Möglichkeiten, die sich durch das Internet eröffnen.

Unser Ziel ist es, dem Leser zunächst die gegenwärtige und zukünftige Entwicklung in Richtung einer Network Economy aufzuzeigen und die enormen Veränderungen im Unternehmens- und Kundenbereich deutlich zu machen. Wissenschaft und Praxis stehen hier aufgrund der Neuartigkeit und Komplexität der Zusammenhänge vor gewaltigen Herausforderungen. So verändern sich etwa Kommunikationsbeziehungen innerhalb und zwischen Unternehmen, Unternehmensgrenzen verschwinden, Kunden sind informierter und stellen aus Unternehmenssicht zunehmend eine „knappe Ressource" dar. Entsprechend sind Unternehmen gefordert, verstärkt Kundenbedürfnisse zu erkennen und mit Produkten und Serviceleistungen an sich zu binden. In diesem Zusammenhang eröffnet das Internet neue Kommunikationsmöglichkeiten innerhalb und zwischen Unternehmen und zwischen Unternehmen und Kunden.

Das Buch ist so aufgebaut, dass im ersten Kapitel die zunehmende Vernetzung und ihre Konsequenzen sowohl aus Unternehmens- als auch aus Kundensicht erläutert wird. Im Rahmen dieser Entwicklung einer Network Economy gewinnt der Beziehungsaspekt zwischen Unternehmen und Kunden zunehmend an Bedeutung. Daher werden im zweiten Kapitel nach einer Einführung in das Management von Kundenbeziehungen (CRM) die neuen Möglichkeiten aufgezeigt, die sich mit der gegenwärtig und in Zukunft verfügbaren Informationstechnologie bieten. Dabei werden Potenziale aufgezeigt, die durch die Ausweitung von CRM-Maßnahmen auf das Medium Internet realisierbar sind. In Kapitel 3 werden die Schlüsseltechnologien Data Warehousing, Data Mining und Kampagnenmanagement im CRM-Kontext vorgestellt und die wichtigsten Kernelemente behandelt. Da von einer kundenorientierten Ausrichtung ein Großteil der unternehmensweiten IT-Systeme betroffen ist, werden zudem Fragestellungen zur Integration heterogener IT-Systeme erörtert. Kapitel 4 erläutert Fragestellungen zum Datenschutz, die bei der Analyse kundenbezogener Daten zu berücksichtigen sind. Ein abschließender Ausblick auf zukünftige Entwicklungen, die im Rahmen von CRM und e-CRM zu erwarten sind, rundet das Werk ab.

Das Buch wendet sich an Manager und Berater in IT, Controlling, Marketing und Vertrieb sowie an praxisorientierte Wissenschaftler in Marketing/Vertrieb, Wirtschaftsinformatik, Unternehmensführung und -planung.

Unser Dank gilt Frau Martina Heim und Frau Michelle Niesner für die Erstellung zahlreicher Grafiken sowie Frau Vogler-Boecker vom Vieweg-Verlag für die unkomplizierte Zusammenarbeit.

Auf unserer Homepage http://www.information-networking.de findet der interessierte Leser neben Links zu relevanten Internetsites auch Informationen zu Software-Tools und aktuellen Themen bzw. Veröffentlichungen aus Theorie und Praxis rund um das Information Networking.

München/Stuttgart, im Oktober 2001

Matthias Meyer, Stefan Weingärtner, Fabian Döring

Inhaltsverzeichnis

1 Network Economy

Die 90er Jahre waren geprägt durch die Digitalisierung von Gütern und Abläufen, die in Verbindung mit einer rasanten Verbreitung von elektronischen Netzen zu strukturellen Umbrüchen in Wirtschaft und Gesellschaft geführt haben (Hofmann 2001, S. 1). Es zeichnen sich vollkommen neuartige Strukturen ab, die hier als Network Economy bezeichnet werden sollen und die ein Umdenken auf Seiten von Unternehmen und Kunden erforderlich machen.

1.1 Grundlagen der Network Economy

Im Zuge der Entwicklung der noch zu charakterisierenden Network Economy sind eine Reihe neuer, international gebräuchlicher Begriffe entstanden, die schnell weite Verbreitung gefunden haben. Zum besseren Verständnis der Zusammenhänge sollen einige dieser zentralen Begriffe, wie Internet, Intranet, New Economy, E-Commerce und Communities, zunächst definiert und voneinander abgegrenzt werden.

1.1.1 Internet, Intranet und Extranet

Wesentliche Voraussetzung für die Entstehung der Network Economy war und ist die Entwicklung von Netzwerkstrukturen. Diese Entwicklung wurde begünstigt durch das Bedürfnis, Daten bzw. Informationen nicht nur lokal auf Einzelplatzcomputern zu sammeln, zu erstellen und zu bearbeiten, sondern dies gemeinsam, z.B. abteilungs- oder unternehmensübergreifend, zu tun. Voraussetzung war die entsprechende Weiterentwicklung von Hardware und Software.

Begonnen hatte diese Entwicklung zunächst unternehmensintern, z.B. bei Banken und Versicherungen, durch die Einführung von Zahlungsabwicklungssystemen. Anfang der 90er Jahre ermöglichte die Standardisierung von Daten (z.B. Bestellungen, Rechnungen) auch unternehmens- und branchenübergreifenden Datenaustausch. Zwar ließen sich dadurch Prozesse schneller abwickeln und Medienbrüche vermeiden, eine massive Verbreitung zur Vernetzung beliebiger Partner stellte sich aufgrund der engen

Definition der Austauschformate und die erforderliche „Vor"-Definition der Geschäftsbeziehungen nicht ein (Hofmann 2001, S. 11).

Internet Erst die starke Ausbreitung und breite Verfügbarkeit des Internet ab Mitte der 90er Jahre ermöglichte die Entstehung von „virtuellen" Netzen zwischen beliebigen Partnern (Privatpersonen, Unternehmen). Wesentliches Charakteristikum ist die offene Infrastruktur, vergleichbar mit dem Straßenverkehr: „Straßen sind nutzungsoffen und für beliebige Zwecke verwendbar. Ihre Inanspruchnahme unterliegt individuellen Entscheidungen. Es gibt ein Koordinierungssystem durch Verkehrszeichen, eine Finanzierung durch Steuern und/oder Gebühren und flankierende Dienstleistungen wie den Straßenunterhalt, Polizei, Automobilclubs etc." (Hofmann 2001, S. 12)

Zwar gab es bereits in den 60er Jahren Ansätze zur Koppelung von Computern, jedoch war der Markt gekennzeichnet durch oligopolistische Strukturen. Hersteller hatten dabei nur ein untergeordnetes Interesse an der Schaffung offener Strukturen. Vielmehr wurden je nach Kundenbedürfnis proprietäre Systeme geschaffen, die eine Bindung des Kunden an den jeweiligen Hersteller sicherstellten.

IT-Hersteller hatten somit auch nur ein geringes Interesse an einer Beteiligung an den Bemühungen der ISO (International Standardization Organization), ab den 80er Jahren einen offenen Datenaustausch (OSI=Open Systems Architecture) zu definieren.

Erst der massive Anstieg des Computereinsatzes und das zunehmende Bedürfnis der Vernetzung von Computern bzw. DV-Inseln ebnete den Weg für die flächendeckende Einführung des TCP/IP-Standards und bedeutete gleichzeitig das Ende proprietärer Systeme. „Dieser Standard regelt im Rahmen von Transport- und Anwenderprotokollen die Verknüpfung von Computern unterschiedlichen Typs über eine Vielzahl verschiedener Netzwerke hinweg. Er hat militärische Herkunft und verbreitete sich nach der Freigabe für zivile Nutzung über die E-Mail-Anwendung und deren breite Akzeptanz in akademischen Einrichtungen. So waren unternehmensindividuelle Strategien, die alleinige Nutzung der eigenen Fabrikate zu oktroyieren, nicht mehr durchsetzbar." (Hofmann 2001, S. 14 f.)

Auf Basis des TCP/IP-Standards wird eine integrierte Netzinfrastruktur möglich, die die Verwendung kostengünstiger, standardisierter Komponenten erlaubt. Durch den Einsatz anspruchsvoller Komponenten, wie z.B. Routing-Systeme, Namens- und Verzeichnisdienste, wird zudem eine Verteilungstransparenz erreicht, d.h. für den Benutzer ist die Verteilung des Systems nicht sichtbar.

Das Internet übermittelt Datenpakete mit undefinierter Verzögerung

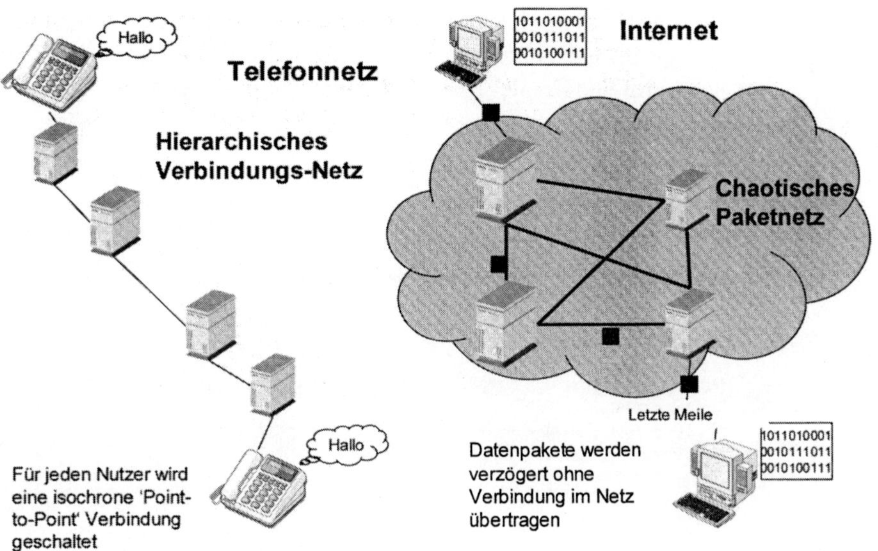

Abbildung 1: Leitungs- vs. Paketvermittlung (Pagé et al. 2001, S. 10)

Grundidee und ausschlaggebend für den Erfolg des TCP/IP-Standards war die Paketvermittlung, d.h. Informationen werden nicht leitungsvermittelt, sondern paketvermittelt übertragen (Abbildung 1). Im Gegensatz zum öffentlichen Fernsprechnetz ist es daher nicht erforderlich, für die Dauer einer Übertragung eine Verbindung herzustellen. Vielmehr werden zu übertragene Daten im Rahmen des TCP (Transmission Control Protocol) zunächst in Blöcke (Pakete) zerlegt und mit Nummern versehen. „Das Internet Protocol (IP) legt die Paketformate fest und stattet sie mit Adressinformationen (Header) aus, die ein Auffinden des Empfangs der Datensendung garantieren. Diese Pakete werden dann einzeln vom Sender auf die Reise zum Empfänger geschickt. Die Leitungen zur Übertragung eines einzelnen Pakets werden Schritt für Schritt stets von einem Knoten zum nächsten aufgebaut, und an jeder Stelle des Verbindungsweges muss der jeweils nächste

Netzknoten (mit dem geringsten Stau) ermittelt werden. Die Pakete werden dann beim Empfänger wieder zu dem ursprünglich abgesandten Datensatz zusammengesetzt. Durch dieses Prinzip können die vorhandenen Leitungskapazitäten effektiv ausgeschöpft werden." (Hofmann 2001, S. 16)

Für das Internet ist damit keine isochrone Kommunikation, d.h. Gleichzeitigkeit von Senden und Empfangen, erforderlich bzw. ist diese auch gar nicht möglich. Ursprünglich schloss dies auch eine Sprachübermittlung aus, was aufgrund der mittlerweile schnellen Datenübertragung nicht mehr gilt (Pagé et al. 2001, S. 10).

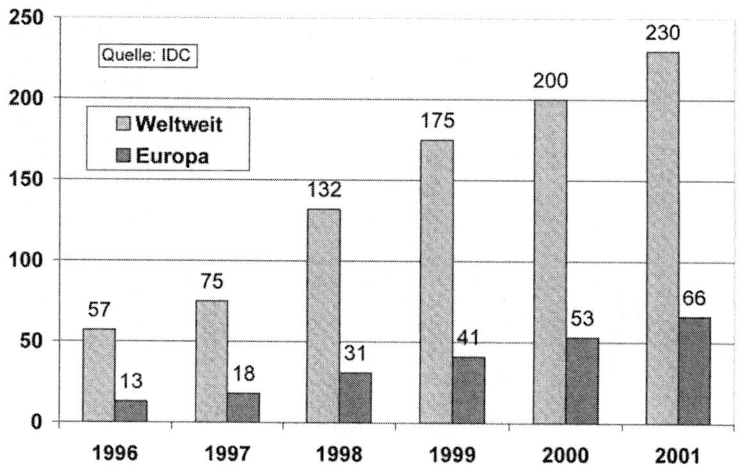

Abbildung 2: Entwicklung der Internet-Nutzung (gemessen an der Anzahl der Nutzer, entnommen aus: Pagé et al. 2001, S. 13)

WWW

Ein weiterer Erfolgsgarant, insbesondere auch für die Verbreitung auf dem Massenmarkt, ist das auf dem Internet basierende World Wide Web (WWW). Durch Schaffung einer Nutzeroberfläche, Einführung des Hypertextprinzips und Einsatz multimedialer Dokumente (Text-, Bild-, Audio- und Videodateien) wird eine Transparenz geschaffen, die lediglich die Eingabe von Begriffen und Anklicken von Links erfordert, nicht aber die Kenntnis und Eingabe von Befehl(ssequenz)en. Kern des WWW ist das Hypertext Transmission Protocol (HTTP) und die Beschreibungssprache Hypertext Markup Language (HTML). Ersteres regelt den Austausch von Web-Inhalten, letzteres legt die Beschreibung der

Inhalte von multimedialen Dokumenten fest (Pagé et al. 2001, S. 11).

Diese offene und transparente Funktionalität auf Basis einer dezentralen Organisationsstruktur schafft eine Plattform für neue Produkte und Leistungen (Pagé et al. 2001, S. 19), die ergänzt wird durch E-Mail und ftp (file transfer protocol). Während E-Mail den direkten, individuellen Nachrichtenaustausch ermöglicht, wird ftp zum gezielten Dateitransfer mittels spezieller Software genutzt, ohne dass ein Browser erforderlich ist (die verbreiteten Browser bieten allerdings auch die Nutzung von ftp an).

Das Internet und darauf aufsetzende Dienste bzw. Technologien, wie WWW, ftp und E-Mail, sind unabdingbare Voraussetzung für die Kommunikation innerhalb und zwischen Unternehmen sowie zwischen Unternehmen und Kunden.

Intranet Eine spezielle Ausprägung des Internets sind sog. Intranets. Es handelt sich damit um unternehmensinterne, informationsverteilende Netzwerke, die die Kommunikation zwischen Mitarbeitern verschiedener Abteilungen und Unternehmensbereiche ermöglichen (Hofmann 2001, S. 22). Prinzipiell handelt es sich ebenfalls um IP-basierte Netze, die allerdings vom öffentlich zugänglichen Internet abgekoppelt sind (Pagé et al. 2001, S. 111). Der Datenaustausch zwischen Internet und Intranet ist typischerweise nur über sog. Fire-Walls möglich, um sicherzustellen, dass nur ausgewählte Nutzer aus dem Internet auf ein Intranet (bzw. umgekehrt) zugreifen können (Pagé et al. 2001, S. 15 f.).

Im Unterschied zu den bislang verbreiteten Client-Server-Systemen können Mitarbeiter ortsunabhängig bzw. weltweit mit nahezu beliebiger Hardware auf ein firmeninternes Netzwerk zugreifen. Dabei übernimmt ein Intranet ähnliche, aber auf das Unternehmen beschränkte Funktionen wie das öffentlich zugängliche Internet. Pagé et al. (2001, S. 112) nennen u.a. folgende Aufgabenstellungen:

- *Konzernweite Informationen*, wie z.B. allgemeine Informationen zum Konzern und zu Tochtergesellschaften, Presseinformationen, Konzerndaten, -zahlen und -fakten.

- *Mitarbeiterinformationen*, wie z.B. interner Stellenmarkt, Informationen des Betriebsrats.

- *Verzeichnisdienste*, wie z.B. Organigramme, Mitarbeiterverzeichnis, sog. Yellow Pages.

- *Spezialthemen*, wie z.B. Wissensdatenbank, Arbeitskreise und Projekte, Managementinformationen.

Hier zeigen sich bereits Ansatzpunkte zur Realisierung von sog. Wissensmanagementsystemen bzw. mögliche Schnittstellen. Tatsächlich bieten Intranets bereits eine technische Basis zur Realisierung eines Wissensmanagement (weitere, weniger technische Fragestellungen zum Wissensmanagement werden z.B. bei Probst et al., 1999, behandelt). Wesentliche Voraussetzung für einen sinnvollen Intranet-Einsatz ist neben technischen und ablauforganisatorischen Aspekten die Unternehmenskultur.

Electronic Data Interchange (EDI)

Für die unternehmensübergreifende Kommunikation haben sich in den 90er Jahren zunächst Systeme zum elektronischen Datenaustausch (Electronic Data Interchange=EDI) etabliert. Sie dienen dem Informationsaustausch in der logistischen Kette, insbesondere zur Steuerung und zur Synchronisation von Produktionssystemen. Ziel ist eine möglichst lückenlose, rechnergestützte Abwicklung und Datenübertragung, z.B. indem Auftrags-, Bestell- und Lieferinformationen übertragen werden (Thaler 2001, S. 55). Grundlage für die Kommunikation ist EDIFACT (Electronic Data Interchange for Administration, Commerce and Transport), einem branchenübergreifenden Standard zum automatisierten Datenaustausch zwischen Unternehmen, mit dem erreicht werden soll, dass Daten aus dem Anwendungssystem eines Unternehmens ohne weitere manuelle Erfassung und Bearbeitung direkt in das Anwendungssystem des Empfängers weitergegeben werden (Thaler 2001, S. 57). „Der EDIFACT-Standard ist besonders für die rechnergestützte Auftragsabwicklung geeignet. Das Protokoll setzt sich aus strukturierten Nachrichtentypen zusammen, die branchenneutral für unterschiedliche Geschäftsfälle definiert wurden, z.B. für Bestellung, Rechnungsstellung oder Auftragsbestätigung." (Thaler 2001, S. 57)

Extranet

EDI und der EDIFACT-Standard wird zunehmend durch Austauschbeziehungen zwischen Unternehmen, die auf dem TCP/IP-Standard basieren, verdrängt. Das Internet steht dabei wesentlich mehr Unternehmen offen. Zudem ist neben dem reinen Datenaustausch beispielsweise auch die gemeinsame Nutzung einer verteilten Datenbank möglich.

Allerdings setzt der IP-basierte direkte Austausch von Informationen für Geschäftstransaktionen besondere Sicherungsmaßnahmen voraus, da es sich üblicherweise um geschäftskritische und überwiegend geheime Informationen handelt. Dennoch werden in einigen Branchen durch den Einsatz von Extranets Umsatzsteigerungen von acht bis zehn Prozent beim Handel und eine deutliche Erhöhung der Kundenbindung für den jeweiligen Hersteller erwartet (Ahlert 2001, S. 13).

Ahlert (2001, S. 21) geht davon aus, dass Extranets grundsätzlich das Potenzial zur Substitution bestehender Lösungen haben, und schätzt, dass Extranets aufgrund ihrer Globalität und Flexibilität unter anderem aus folgenden Gründen eingesetzt werden:

- Es existieren globale Kommunikationsbeziehungen,

- die Art und Anzahl der Kommunikationspartner kann sich verändern und

- zur Kommunikation ist lediglich ein Browser, sonst aber keine spezifische Software erforderlich.

EDI bietet jedoch gegenüber der Internet-Technologie Vorteile, sobald große Datenmengen zu verarbeiten sind. Daher ist davon auszugehen, dass EDI eingesetzt wird, wenn (Ahlert 2001, S. 21)

- „regelmäßige Geschäftsbeziehungen bestehen, die

- einen häufigen Austausch von großen Daten- und Informationsmengen erforderlich machen, und

- die Daten direkt in die internen Systeme einfließen müssen."

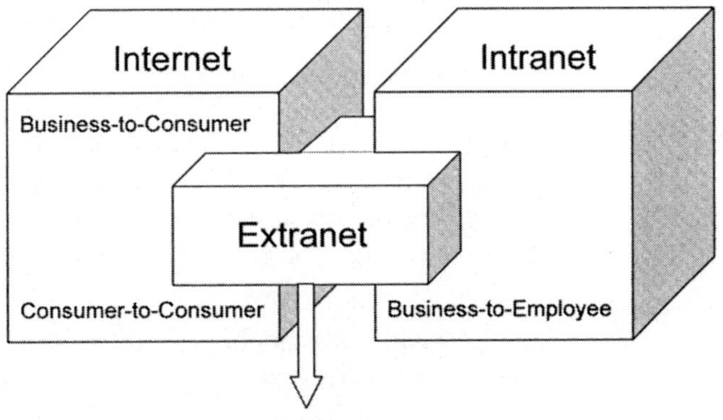

Abbildung 3: Internet, Intranet und Extranet im Überblick
(Ahlert 2001, S. 12)

1.1.2   E-Business, E-Commerce, Portale und virtuelle Communities

Die in 1.1.1 umrissenen technischen Voraussetzungen für die offene Netzwerkstruktur haben zu einer Vielzahl von Entwicklungen geführt, die hier kurz skizziert werden sollen. In diesem Zusammenhang sind Begriffe wie E-Commerce, E-Business, Portale und virtuelle Communities zu nennen. Allen ist gemeinsam, dass sie zwar technologische Aspekte voraussetzen, im Übrigen aber auf betriebswirtschaftliche, volkswirtschaftliche, soziologische und psychologische Aspekte abstellen.

Die Definition und Abgrenzung dieser zentralen Begriffe bereitet letztlich die Behandlung des umfassenden Konzepts der Network Economy vor.

E-Business

Mit Electronic Business (E-Business) handelt es sich um die Implementierung von Geschäftsprozessen durch Einsatz von IT-Anwendungen und insbesondere die Kommunikation mittels Inter-, Intra- und Extranet. Im Unterschied zu traditionellen Geschäftsprozessen unterscheiden sich elektronisch abgewickelte Prozesse durch eine engere Kopplung von Funktionen und den direkten elektronischen Informationsaustausch über ein Kommunikationsnetz zwischen Kunden und Lieferanten, zwischen Partnerunternehmen, auf elektronischen Marktplätzen (siehe dazu S. 26 ff.) sowie innerhalb eines Unternehmens (Pagé et al. 2001, S. 30).

E-Business stellt Unternehmen aufgrund des Prozessgedankens und der offenen Informations- und Kommunikationsstruktur vor neue Herausforderungen (siehe auch Pagé et al. 2001, S. 69 ff.). Im Mittelpunkt der Überlegungen stehen nicht zuletzt die Kunden. Prozesse sind daher von Grund auf zu analysieren, zu optimieren und gegebenenfalls neu zu definieren.

Die bislang überwiegend funktionalen Organisationsstrukturen werden dabei vermutlich verstärkt prozessorientierten Organisationsformen weichen.

Am Beispiel einer Versicherung zeigen Picot et al. (2001, S. 274) den Zusammenhang zwischen Funktions- und Prozessspezialisierung (siehe Abbildung 4). Durch die informationstechnische Verknüpfung verschiedener Funktionsbereiche werden auf Kunden ausgerichtete Prozesse realisierbar.

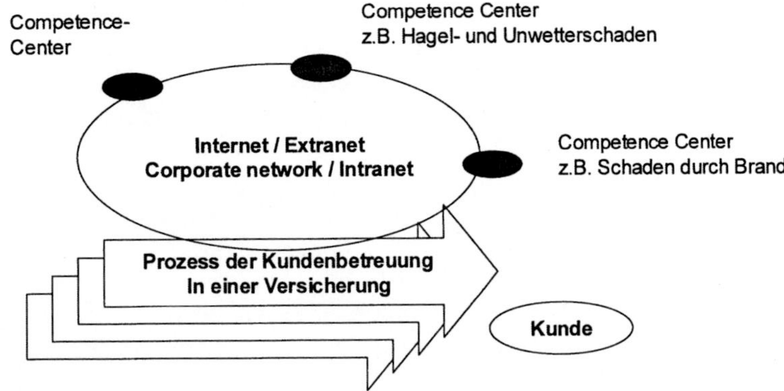

Abbildung 4: Virtuelle Verknüpfung zwischen Prozess- und Funktionsspezialisten (Picot et al 2001, S.274)

E-Commerce

Electronic Commerce (E-Commerce) kann als Teil des E-Business angesehen werden und umfasst im Wesentlichen den Kontakt mit Kunden über das Internet als Vertriebskanal (Pagé et al. 2001, S. 31). Der Unterschied zu E-Business besteht also darin, dass E-Business sich mit dem Einsatz von Informations- und Kommunikationstechnologien innerhalb oder zwischen geschäftlich verbundenen Unternehmen beschäftigt, während bei E-Commerce der Kundenkontakt in den Vordergrund rückt (siehe dazu im Einzelnen S. 36 ff.).

Portale

Aufgabe von Portalen ist die Erleichterung des Zugangs in das Internet. Nutzer sollen zur schnelleren Orientierung ein breites, inhaltsreiches Informationsangebot erhalten. Damit übernehmen Portale, insbesondere wenn sie sich innerhalb der bestehenden Konkurrenz durchsetzen und entsprechend einen großen Nutzerkreis besitzen, eine Gatekeeper-Funktion (Schneider 2001, S. 136).

Portale stellen wie die nachfolgend beschriebenen Communities umfassende und objektive Informationsquellen dar, unterscheiden sich aber im Grad der Nutzerinteraktion, da der Schwerpunkt von Portalen auf der Informationsbereitstellung liegt.

Virtuelle Communities

Im Gegensatz zu E-Business und E-Commerce sind unter (virtuellen) Communities Gemeinschaften von Mitgliedern, d.h. Kunden und Anbieter, zu verstehen, die sich auf IT-Plattformen organisieren (Fleisch 2001, S. 37).

Von Portalen unterscheiden sich Communities durch ihre Fokussierung auf die Interessen und Bedürfnisse der Mitglieder. Zugang zu Informationen erhalten Mitglieder über sog. Bulletin Boards, sog. Chat-Räume oder per E-Mail. Communities verbinden dabei Inhalte mit Kommunikation, da Mitglieder miteinander kommunizieren und Wissen und Erfahrungen einbringen können. Im Gegensatz zu (Werbe-)Informationen einzelner Anbieter erhalten Mitglieder neutrale Markt- und Produktinformationen (Fleisch 2001, S. 38).

Damit verfolgen virtuelle Communities keine direkten kommerziellen Zwecke, weisen aber einen Zusammenhang zum Informationsverhalten von Kunden auf und wirken sich unter Umständen auf das Kauf- bzw. Kundenverhalten aus. Communities haben daher eine hohe Relevanz für die Kundensicht in der Network Economy, auf die ab S. 36 eingegangen wird.

Network Economy

Wie die vorangegangenen Ausführungen gezeigt haben, befindet sich die Gesellschaft und damit auch die Wirtschaft in einem tiefgreifenden Wandel. Die Vernetzungen bzw. Informationsaustauschbeziehungen im Privatleben, im Berufsleben und im Geschäftsleben verändern sich bzw. weiten sich aus.

Zu beobachten ist eine nicht mehr so klare Trennung zwischen Privat-, Berufs- und Geschäftssphäre. Ob nun im Rahmen der Telearbeit zuhause gearbeitet wird, Hausgeräte per Internet gesteuert werden oder Privatpersonen über Problemlösungen, Produkte und dergleichen in einer Community diskutieren – die Grenzen dieser Bereiche verschieben sich, verändern sich oder verschwinden teilweise vollständig. Inwieweit diese Entwicklung durch Deregulierung und Rechtsprechung beeinflusst wird, lässt sich nur schwer beurteilen. Die intensive Diskussion rechtlicher Grundlagen kann aber als Indiz für die Bedeutung und Existenz dieser Entwicklung angesehen werden.

Diese neue Gestalt der Gesellschaft und Wirtschaft wird in diesem Buch als Network Economy bezeichnet. Wesentliche Aspekte der Network Economy – Ausprägungen und Auswirkungen insbesondere aus Unternehmens- und Kundensicht – werden in den weiteren Kapiteln genauer durchleuchtet.

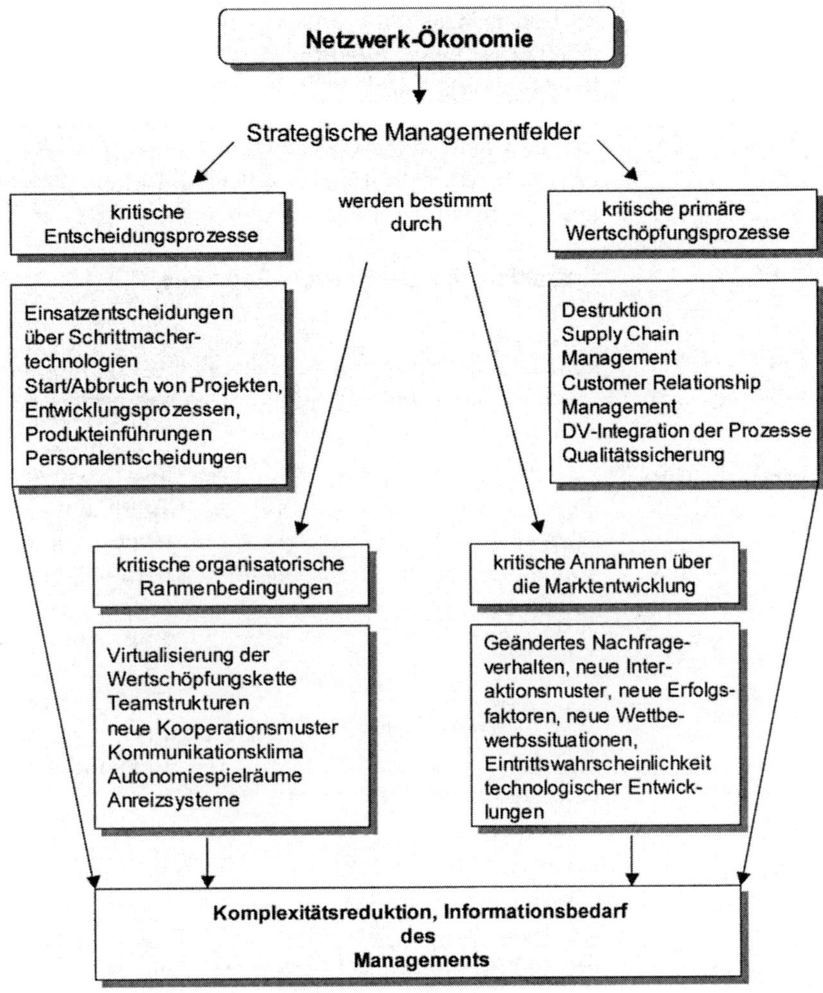

Abbildung 5: Informationsbedarf in der Network Economy
(Hofmann 2001, S. 2)

Erste Anhaltspunkte zu den Auswirkungen der Network Economy sind in Abbildung 5 zu erkennen. Die unternehmens- und kundenseitigen Veränderungen erfordern für eine nachhaltige Erfolgssicherung ein strategisches Management. Aufgrund der Neuartigkeit der Entwicklungen ist eine Extrapolation bestehender Strukturen nahezu unmöglich (Hofmann 2001, S. 2). Für das Management entsteht daher ein Bedarf an Informationen über Entscheidungsprozesse, Wertschöpfungsprozesse, organisatorische Rahmenbedingungen und Marktentwicklungen. Im Bereich der Wertschöpfung gewinnt z.B. die Prozessorientierung gegenüber einer funktionalen Sicht an Bedeutung, wobei die Beziehung zu Kunden ein zentraler Baustein ist. Im Bereich der organisatorischen Rahmenbedingungen verändern sich Strukturen innerhalb und zwischen Unternehmen. Marktseitig wiederum lässt sich schon jetzt ein deutlich verändertes Nachfrageverhalten konstatieren.

1.1.3   Charakteristika der Network Economy

In diesem und den folgenden Kapiteln werden die in 1.1.2 angesprochenen Aspekte bzw. Entwicklungsrichtungen der Network Economy noch einmal vertiefend aufgegriffen (die Ausführungen sind angelehnt an Hofmann 2001, S. 3 ff.).

Organisation

Die Möglichkeiten der Vernetzung von Unternehmen und Kunden bedeuten insbesondere auf Unternehmensseite neuartige Chancen und gleichzeitig Herausforderungen. Unternehmen können intern und untereinander wesentlich schneller und zielgerichteter Informationen austauschen und so z.B. die (Neu-) Entwicklung von Produkten beschleunigen und verbessern. Diese Chance eröffnet sich für einzelne Unternehmen und Allianzen und bedeutet damit zugleich, dass Wettbewerber diese Chance gleichermaßen haben und wahrnehmen – der Wettbewerb verschärft sich. Dies ist Ursache für Kooperationen, Allianzen und virtuelle Organisationen, worauf ab S. 33 genauer eingegangen wird.

Produkte

Betrachtet man digitalisierbare Produkte (siehe S. 28), wie z.B. Software, Bücher, Zeitschriften, CD's, Versicherungen und Bankprodukte, dann ergeben sich neue Möglichkeiten hinsichtlich der Produktion und Produktdifferenzierung:

- *Produktdifferenzierung*: Eine Differenzierung digitalisierter Güter ist ohne erhebliche Zusatzkosten möglich. Entsprechende Produkte lassen sich schneller und einfacher als z.B. Autos oder Maschinen definieren und „produzieren". Die Größe des durch das Internet erreichbaren Marktes (im Sinne eines Absatzpotenzials) rechtfertigt dabei die entsprechende Spezialisierung. Wichtig ist allerdings das Erreichen einer kritischen Masse an Nachfragern, unter Umständen sogar die Setzung eines Standards, um Kunden an sich zu binden und zum Kauf von Folge- oder Ergänzungsprodukten zu bewegen. Dies reduziert gleichzeitig das Risiko des Markteintritts von Wettbewerbern. In diesem Zusammenhang spielen wie-

derum die bereits erläuterten organisatorischen Aspekte, d.h.
die Bildung z.B. von Kooperationen und Allianzen, eine Rolle.

- *Mass Customization*: Gerade bei digitalisierbaren Gütern
  entstehen durch Vervielfältigung und kundenorientierte Differenzierung nur geringe Grenzkosten. Massenproduktion
  muss daher nicht mehr gleichbedeutend mit der Herstellung
  von Einheitsprodukten sein. Damit rücken auch Economies
  of Scale zunehmend in den Hintergrund. Hierbei handelt es
  sich um Kostenersparnisse, die aufgrund von Größenvortei-
  len entstehen, indem durch eine hohe Produktions- und Ver-
  kaufsmenge ein hoher Marktanteil und die Kostenführer-
  schaft erreicht werden kann. Für Konkurrenten wird es dadurch schwierig, überhaupt in den Markt einzusteigen. Die
  Kostenersparnisse durch Massenproduktion stehen in der
  Regel denjenigen durch die gemeinsame Nutzung von Ressourcen bei verschiedenen Produkten entgegen. Dies sind
  gerade die Kostenvorteile, die als Economies of Scope bezeichnet werden und die insbesondere bei digitalisierbaren
  Gütern bedeutsam sind. Hierbei handelt es sich nämlich um
  Kostenvorteile, die bei einer steigenden Produktvielfalt durch
  einen Verbundvorteil entstehen. Voraussetzung ist dabei,
  dass für die einzelnen Produkte auf gemeinsame Ressourcen
  (z.B. Produktionsanlagen, Technologien, Vertriebskanäle)
  zurückgegriffen werden kann, was insbesondere bei digitalisierbaren Gütern erfüllt wird. Mass Customization verbindet
  nun durch die kostengünstig realisierbare Verknüpfung von
  Größen- und Verbundvorteil die Vorteile von Economies of
  Scale und Economies of Scope. Diese Verknüpfung eröffnet
  weit mehr Möglichkeiten zur Preisdifferenzierung und damit
  zielgruppenspezifischen Produkt- und Preisgestaltung als
  dies durch Economies of Scale oder Economies of Scope jeweils allein möglich gewesen wäre.

Die vorgenannten Aspekte beziehen sich hauptsächlich auf digitalisierbare Güter und sind nur bedingt auf nichtdigitalisierbare
Güter übertragbar. Die Beschleunigung und Kostenersparnis bei
der Differenzierung durch Vernetzung und Informationsaustausch ist bei weitem nicht so hoch wie bei digitalisierbaren
Gütern. Dies ist auch im Zusammenhang mit den nachfolgend
behandelten Aspekten zur Logistik und Infrastruktur zu sehen.

Logistik und
Infrastruktur

Zur Informationsverteilung steht mit dem Internet und Intranets
eine kostengünstige und – zumindest bezogen auf das Internet –

allgemein verfügbare Infrastruktur zur Verfügung. Für digitale und digitalisierbare Güter entstehen daher keine Kosten für Transport oder Verkauf bzw. Vertrieb, wie sie bei nichtdigitalisierbaren Gütern anfallen.

Speziell bei nichtdigitalisierbaren Gütern ist die Schaffung einer adäquaten Logistikkette eine nicht zu unterschätzende Aufgabe. Zwar führt der Informationsaustausch zu einer Reduzierung der Transaktionskosten, z.B. bei einem Bestellvorgang zu einer Verkürzung der Abwicklungszeiten und einer Reduktion der Lagerbestände. Andererseits ergeben sich durch den Medienbruch Fragestellungen unter anderem zur Integration von Produktion, Verpackung und Warenauslieferung. Spätestens an dieser Stelle erfolgt ein Übergang vom rein elektronischen Datenaustausch zum physischen Warenaustausch.

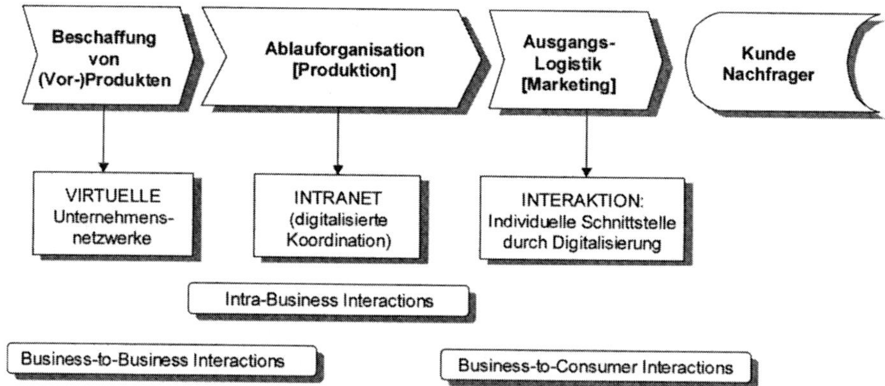

Abbildung 6: Wertschöpfungskette (Hofmann 2001, S. 7)

Wert-schöpfung

In Abbildung 6 ist der grundsätzliche Aufbau einer Wertschöpfungskette und die Verbindung zu den Technologien der Network Economy dargestellt. Eine Wertschöpfungskette besteht aus allen Tätigkeiten im Zusammenhang mit der Konzeption, der Herstellung, dem Angebot und der Auslieferung eines Produktes sowie nach dem Verkauf der Betreuung durch den Kundendienst (Hofmann 2001, S. 89).

Im Bereich Lieferanten-Kunden-Beziehungen (B2C-Beziehungen) ergeben sich durch Vernetzung neuartige Möglichkeiten

- der Kontaktaufnahme zwischen Unternehmen und Kunden, was unter Umständen zur Ausschaltung von Zwischenhandelsstufen führt, und

- des Informationsaustauschs zwischen Kunden (z.B. Preis- und Produktvergleich), was zu einer Erhöhung der Markttransparenz führen kann.

Diese neuen Möglichkeiten stehen in engem Zusammenhang mit der Produktdifferenzierung und der Mass Customization, da Unternehmen ihrerseits neue Möglichkeiten zur Gewinnung von Erkenntnissen über Kundenbedürfnisse und –wünsche erhalten.

Auf Unternehmensseite wirken sich Vernetzung und Informationsaustauschbeziehungen auf die Zusammenarbeit innerhalb und zwischen den Unternehmen aus:

- Abläufe innerhalb des Unternehmens werden durch verstärkten Informationsaustausch beschleunigt. Anstelle organisatorisch getrennter Funktionsbereiche ermöglicht die Vernetzung die Realisierung funktionsübergreifender Prozesse.

- Im Zusammenhang mit der Entwicklung von Unternehmensnetzwerken (B2B-Beziehungen) sind insbesondere das sog. Supply Chain Management und die Herausbildung virtueller Unternehmen hervorzuheben. In beiden Fällen geht die Vernetzung und insbesondere die Wertschöpfungskette über die Unternehmensgrenzen hinaus, so dass Medienbrüche auch bei der Zusammenarbeit mehrerer Unternehmen vermieden werden.

Auf diese Charakteristika und Entwicklungen wird in den weiteren Abschnitten 1.2 und 1.3 detaillierter eingegangen. Festgehalten werden kann an dieser Stelle aber bereits, dass eine Messung der Produktivität(ssteigerung) nur bedingt möglich ist, da dafür eine Quantifizierung der Auswirkungen der Internet-Technologien z.B. auf Organisationswissen oder Produktqualität erforderlich wäre (Hofmann 2001, S. 10).

1.2   Network Economy aus Unternehmenssicht

Im Zuge der Entwicklung zur Network Economy sind erhebliche Veränderungen in der Struktur und Organisation von Unternehmen zu beobachten und künftig zu erwarten. Gegenstand dieses Kapitels sind daher Grundlagen zur Kommunikation, Koordination und Kooperation innerhalb und zwischen Unternehmen, um darauf aufbauend Begriffe, wie Supply Chain Management, virtuelle Unternehmen, E-Procurement, also das elektronische Beschaffungswesen, und elektronische Märkte zu behandeln.

**Kommuni-
kation**

In engem Zusammenhang mit der Vernetzung innerhalb und zwischen Unternehmen steht die Existenz bzw. Schaffung von Kommunikationsbeziehungen. Kommunikation bezeichnet dabei die Übertragung von Informationen zwischen Systemen (Personen, Abteilungen, Unternehmen), die oft über elektronische Medien erfolgt. Bei den hier betrachteten Formen der Kommunikation bestehen Interdependenzen zwischen den Systemen des Senders und des Empfängers der Information. Sie ist damit ein Teil des Koordinationsprozesses, der den Kommunikationsprozess sowie die vorgelagerten Abstimmungsaufgaben, die zur Information führen, umfasst.

Koordination

Sobald Interdependenzen zwischen den Aktivitäten mehrerer Personen, Abteilungen oder Unternehmen bestehen, ist im Hinblick auf ein übergeordnetes Ziel Koordination, d.h. die Abstimmung von Einzelaktivitäten, erforderlich. Koordination ist ein Aspekt der Organisation im Sinne von Arbeitsteilung. Dabei ist der Koordination zeitlich eine Analyse und Konfiguration der aufzuteilenden Gesamtaufgabe in Teilaufgaben, die Abgrenzung der einzelnen autonomen Systeme sowie die Festlegung der Interdependenzen zwischen ihnen vorgelagert.

Kooperation

Betrachtet man neben der Koordinationsebene (Abstimmung der Einzelaktivitäten) auch eine Leistungsebene (Erbringung der Arbeitsleistung), so spricht man von Kooperation. Sie bezeichnet das Zusammenwirken mehrerer Systeme, mit dem Ziel, eine Aufgabe zu erfüllen. Kooperation umfasst damit die Arbeitsleistung, den Leistungsaustausch und die Koordination.

Die hier betrachteten Formen der Kommunikation, Koordination und Kooperation sind nahezu ausschließlich durch die Unterstützung mit Hilfe elektronischer Medien gekennzeichnet. Sämtliche im Weiteren betrachteten Ausprägungen der Zusammenarbeit innerhalb und zwischen Unternehmen, z.B. im Rahmen des Supply Chain Management oder E-Procurement, enthalten Aspekte der Kommunikation, Koordination und Kooperation.

1.2.1   Gründe der Vernetzung

Fleisch (2001, S. 18 ff.) sieht in der Entwicklung vom Verkäufer- zum Käufermarkt, der fortschreitenden Globalisierung und dem zunehmend schnellen Wandel die wichtigsten Treiber, die zu Vernetzung führen (Abbildung 7).

Treiber der Vernetzung	Aktionsmuster der Unternehmen
Wirtschaftliche Treiber • **Käufermarkt** • **Globalisierung** • **Schneller Wandel**	• **Flexibilisierung der Org.-struktur** • **Konzentration auf Geschäftsbeziehungen** • **Management des Wissens**
Informations- und Kommunikationstreiber • **Entwicklungen der IT** • **Entwicklungen der „Informatisierung"**	• **IT als strategische Notwendigkeit** • **IT als Wettbewerbsfaktor**

Abbildung 7: Treiber und Aktionsmuster der Vernetzung (Fleisch 2001, S. 18)

Kunden-orientierung   In einem Verkäufermarkt hängt die Produktion von der Verfügbarkeit von Input-Ressourcen ab. Dies ist zwar auch ein Engpassfaktor in einem Käufermarkt. Hinzu kommen aber weitere Auslöser, die den derzeitigen Wandel vom Verkäufer- zum Käufermarkt bestimmen (Fleisch 2001, S. 18 f.):

- Produktivitätssteigerungen, d.h. höherer Output bei gleicher Inputmenge,

- alternative Produkte bzw. Technologien, für die nicht-knappe Ressourcen verwendet werden, und

- weltweiter Austausch von Ressourcen, was zur Verminderung einer regionale Knappheit von Ressourcen führen kann.

Aus diesen Gründen rückt der Kunde in den Vordergrund, da nicht mehr Ressourcen zur Herstellung von Produkten knapp sind, sondern Ressourcen auf der Absatzseite (Aufmerksamkeit und Nachfrage) (Fleisch 2001, S. 19).

Globalisierung   Im Zuge der Globalisierung breiten sich Koordinationsformen geografisch schneller und – sofern rechtliche Barrieren entfallen – ungehindert aus, d.h. die Welt entwickelt sich zu einem einzigen großen Wirtschaftsraum. Zu dieser Entwicklung tragen sämtliche Technologien, die zu einer Reduktion von Transportkosten von Gütern und Information führen, bei. Die Globalisierung hat damit zur Folge, dass Markteintrittsbarrieren, wie geografische und technologische Barrieren, entfallen und damit die Anzahl

Wettbewerber und die Innovationsgeschwindigkeit steigt. (Fleisch 2001, S. 21 f.)

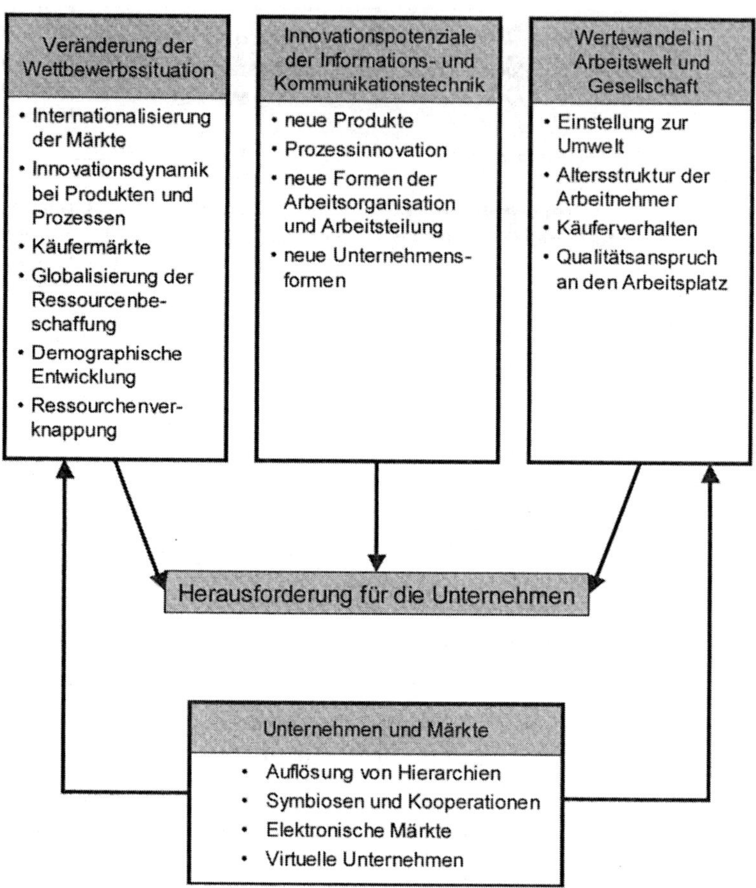

Abbildung 8: Innovationspotenziale, Wettbewerbssituation und Innovationsstrategien (Picot et al. 2001, S. 3)

Picot et al. (2001, S. 2 ff.) sehen neben den genannten marktseitigen und technologischen Veränderungen insbesondere einen Wertewandel in der Arbeitswelt und Gesellschaft, die gerade unternehmensseitig zur Auflösung von Hierarchien und zur Bildung von Symbiosen und Kooperationen führen. Elektronischen Märkten und virtuellen Unternehmen kommt hier eine Sonderstellung zu, da es sich um spezielle Formen der Zusammenarbeit zwischen Unternehmen handelt (siehe dazu im Einzelnen S. 26 ff. und S. 33 ff.).

Schneller Wandel

Die Globalisierung und damit die zunehmende Wettbewerberanzahl und Innovationsgeschwindigkeit stellen für Unternehmen eine große Herausforderung dar, auf die sie nur mit wandlungsfähigen Organisationsformen reagieren können (Fleisch 2001, S. 23). Müller-Stewens (1997, S. 25 ff.; auch Fleisch 2001, S. 23) unterscheidet fünf Entwicklungsstufen der Flexibilisierung von Organisationen:

1. Unternehmen sind bei einer *funktionalen Stammhausorganisation* eine entlang der Funktionsbereiche strukturierte Einheitsorganisation, wobei Konzerne eine bessere Marktausrichtung erreichen, indem sich diese Struktur an Geschäftsfeldern bzw. Divisionen orientiert.

2. Die Struktur *mehrdimensionaler Organisationsformen* soll die Verselbständigung von Funktionen innerhalb von Divisionen vermeiden, indem sich die Struktur an Funktionen, Divisionen und Regionen orientiert. Dies ermöglicht die Realisierung von Synergiepotenzialen, schafft jedoch auch Konfliktpotenziale.

3. Ziel der Schaffung einer *Holding* ist die Bildung eigenverantwortlicher Profitcenter. Dies trägt zur Vermeidung von Interessenkonflikten und zur Flexibilisierung der Organisation bei, lässt Synergiepotenziale allerdings eher ungenutzt.

4. Die *Prozessorganisation* dient der gleichzeitigen Schaffung von Flexibilität und Ausschöpfung von Synergiepotenzialen. „Im 'Back-Office'-Bereich werden Kernkompetenzen unternehmensweit gebündelt und standardisiert. Der 'Front-Office'-Bereich wird vom 'Back-Office'-Bereich getrennt und nach Kundengruppen strukturiert. Diese hybride Struktur ermöglicht u.a. die Kombination von unterschiedlichen Änderungsgeschwindigkeiten: interne Bereiche sind tendenziell invariant, die Schnittstellen zum Markt besitzen die Fähigkeit zur Synchronisation mit der Veränderungsdynamik des Marktes." (Fleisch 2001, S. 23)

5. Bei der Virtualisierung durch *Vernetzung* steht anstelle der Organisationseinheit der Prozess im Mittelpunkt. Prozesse können über Grenzen der Organisation hinausgehen und z.B. Partner mit einbeziehen. Dies ermöglicht die Nutzung von Synergiepotenzialen und Schaffung von Flexibilität (siehe dazu S. 33).

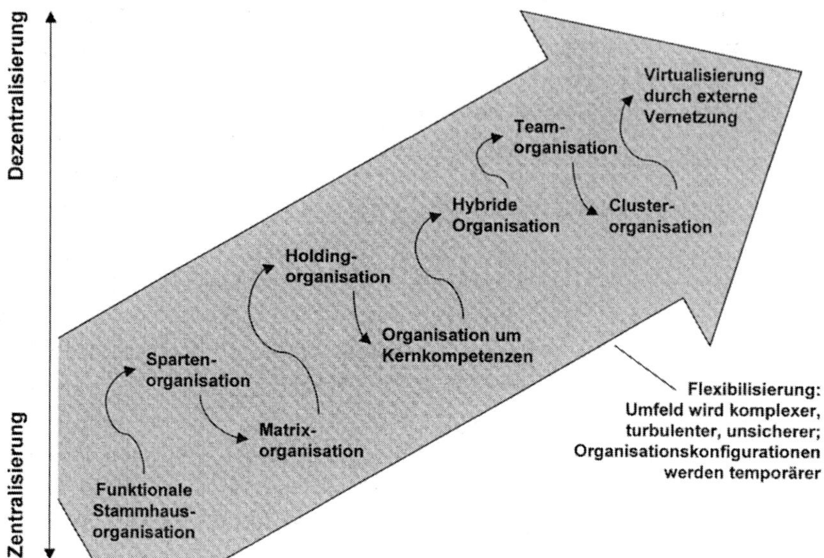

Abbildung 9: Wandel der Organisationsstrukturen (Fleisch 2001, S. 24)

1.2.2   Theoretische Grundlagen der Vernetzung

Zusätzlich zu den erläuterten Gründen der Vernetzung werden hier neben der Transaktionskostentheorie die Netzwerktheorie und die Koordinationstheorie als ausgewählte relevante theoretische Erklärungsansätze behandelt (die Inhalte orientieren sich an Fleisch 2001, S. 61 ff.).

Transaktions-kostentheorie Ausgangspunkt der Überlegungen der Transaktionskostentheorie ist die grundlegende Intention wirtschaftlichen Handelns, d.h. die Befriedigung menschlicher Bedürfnisse. Diese Bedürfnisse sind grundsätzlich unbegrenzt, während die zu ihrer Befriedigung notwendigen bzw. eingesetzten Ressourcen begrenzt sind. Der Umgang mit diesen knappen Ressourcen mit dem Ziel, die Bedürfnisse zu befriedigen, ist Aufgabe des Wirtschaftens.

Eine der wichtigsten und insbesondere bei Dienstleistungen kostenintensivsten Ressourcen stellt die menschliche Arbeitskraft dar. Die Arbeitsteilung und Spezialisierung von Tätigkeiten ist daher ein wesentlicher Ausgangspunkt für wirtschaftliches Handeln. Beides ermöglicht produktiveres Wirtschaften, weil dadurch entweder knappe Ressourcen geschont oder bei gleichbleibendem Ressourceneinsatz das Befriedigen weiterer Bedürfnisse ermöglicht wird.

Gerade der letztgenannte Aspekt – die Befriedigung weiterer Bedürfnisse – hat in seiner Bedeutung zugenommen, da Kunden anstelle von Produkten verstärkt Leistungen, d.h. neben dem Kernprodukt z.B. damit verbundene Dienstleistungen, nachfragen. Das Zusammenführen der Leistungen, die innerhalb eines Unternehmens oder auch von mehreren Unternehmen erbracht werden können, erfordert Koordination. Neben den Ressourcen, die für die Leistungserstellung erforderlich sind, werden daher Ressourcen für die Koordination benötigt.

Transaktions-kosten

„Die Kosten, die bei der Erstellung einer Koordinationsleistung entstehen, werden mit Transaktionskosten bzw. Koordinationskosten bezeichnet." (Fleisch 2001, S. 62)

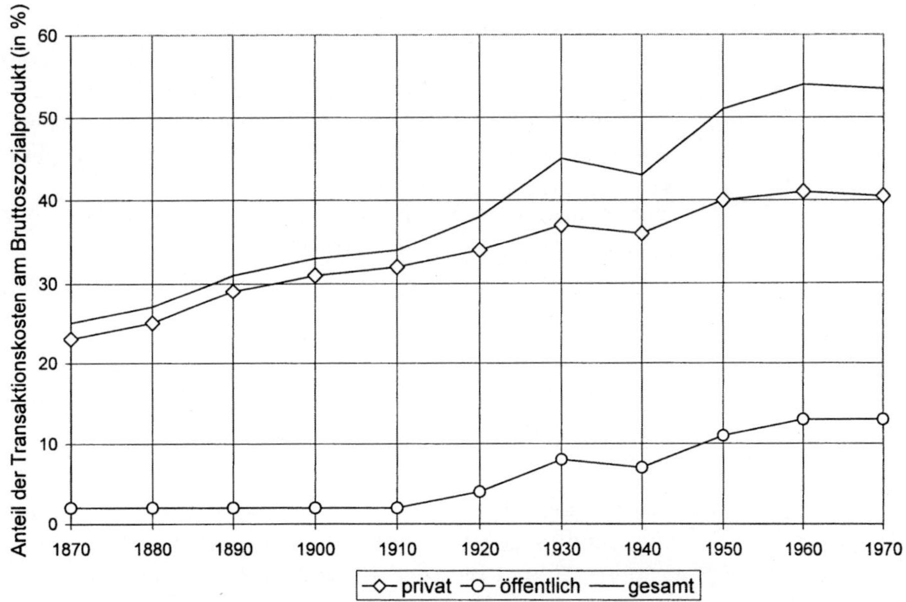

Abbildung 10: Anteil von Transaktionskosten am Bruttosozialprodukt der Vereinigten Staaten (Picot et al. 2001, S. 28)

Wie in Abbildung 10 zu erkennen ist (sie beruht auf einer Untersuchung von Wallis/North am Beispiel der USA im Zeitraum 1870 bis 1970), ist der Anteil der Transaktionskosten am Bruttosozialprodukt deutlich gestiegen.

Neben einer beschreibenden Aufgabe bietet die Transaktionskostentheorie nach Fleisch (2001, S. 63 f.) eine Entscheidungsunterstützung für die Aufgabenteilung. Ihm zufolge lässt sich aus der Theorie ableiten, dass hoch spezifische Aufgaben vertikal zu integrieren sind. Demzufolge wären hierarchische Organisationsformen, beispielsweise Zulieferbeziehungen, zu präferieren.

Fleisch (2001, S. 65) interpretiert Transaktionskosten als das ökonomische Äquivalent zu den Reibungsverlusten in physikalischen Systemen. Grund für die zunehmende Bedeutung der Informationstechnologie ist daher, dass sie die in ökonomischen Systemen enthaltenen Reibungsverluste reduziert und damit Transaktionskosten senkt. Informationstechnologie kann somit im Zusammenspiel mit anderen Faktoren, wie etwa neuen staatlichen Regelungen oder einer Umverteilung der Umweltrisiken, als Ursache für den Wandel der Organisationsformen gesehen werden.

Die zentralen Aussagen der Transaktionskostentheorie lassen sich damit wie folgt zusammenfassen (Fleisch 2001, S. 66 f.): Mit der Arbeitsteilung und Spezialisierung steigt die Nachfrage nach Transaktionsleistungen, wobei sich Arbeitsteilung und Spezialisierung positiv auf die Produktivität auswirken. Damit erfordert die Realisierung der Erträge dieser Produktivitätssteigerung zusätzlich zu erbringende Transaktionsleistungen, die wiederum knappe Ressourcen beanspruchen. Damit steht den Vorteilen der Arbeitsteilung ein Zuwachs an Transaktionskosten gegenüber.

Wie Abbildung 11 zu entnehmen ist, stellt sich somit die Frage nach dem optimalen Grad der Arbeitsteilung, der sich an dem Minimum der Summe aus Transaktions- und Produktionskosten befindet.

Gerade der Einsatz der Informationstechnologie schafft die Voraussetzung für einen höheren Grad an Arbeitsteilung, indem sie zu einer Reduktion der Transaktionskosten beiträgt.

Fleisch (2001, S. 69) sieht durch den Einsatz von Informationstechnologie im Zusammenspiel mit einer dadurch erreichten Senkung der Transaktionskosten die Verstärkung zweier Trends:

- Bildung von großen Hierarchien durch die Bereitstellung von Koordinations- und Kontrollinstrumenten auf der IT-technischer Basis.

- Effektive und effiziente Teilnahme immer kleinerer Einheiten am Marktgeschehen.

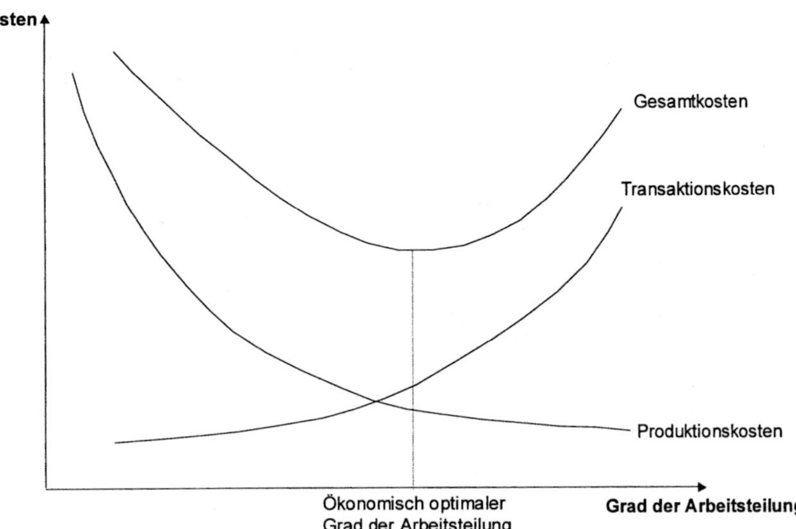

Abbildung 11: Kostenminimaler Grad der Arbeitsteilung (Fleisch 2001, S. 67)

**Netzwerk-
theorie**

Ein neben der Transaktionskostentheorie ebenfalls verbreiteter Erklärungsansatz ist die Netzwerktheorie, die sich weniger mit Kostenaspekten beschäftigt. Vielmehr untersucht sie verschiedene Koordinationsformen, die anhand der Attribute gegebene Anreizintensität, administrative Kontrollmöglichkeit, autonome Adaption, kooperative Adaption und Vertragsbeziehung unterschieden werden. Diese Formen bewegen sich zwischen den beiden Extremen Markt und Hierarchie.

So unterscheiden sich Markt und Hierarchie beispielsweise in Bezug auf die Anreizintensität, welche umso höher ist, je positiver sich die Aktionen der Beteiligten auswirken. Bei einer marktlichen Koordination, z.B. die Durchführung einer Kauftransaktion, verteilt sich die Anreizintensität gleichermaßen auf Verkäufer und Käufer. Innerhalb von Hierarchien (z.B. Beschäftigungsverhältnis) dienen dagegen administrative Kontrollmöglichkeiten, wie etwa Leistungsüberwachung oder Karriereentwicklung der Koordination. In Verbindung mit der administrativen Kontrollmöglichkeit stellt die Anreizintensität somit ein Koordinationsinstrument dar.

Zu der Anreizintensität und der administrativen Kontrollmöglichkeit tritt die sog. Adaption als weiteres Instrument, wobei

- die *autonome Adaption* die Fähigkeit eines Agenten (hier: Unternehmen) bezeichnet, die 'richtige' Entscheidung selbständig zu treffen, und

- die *kooperative Adaption* die Fähigkeit ist, über mehrere Agenten koordinierte und gemeinsam getragene Entscheidungen zu treffen.

Die Vertragsbeziehung schließlich ist der letzte Baustein der Netzwerktheorie. Hier kann zwischen marktlichen Verträgen, beispielsweise zwischen Kunden und Lieferanten, und innerbetrieblichen Verträgen unterschieden werden. Marktliche Verträge sind dabei gerichtlich einklagbar, während innerbetriebliche Verträge, z.B. zwischen einzelnen Sparten eines Unternehmens, im Allgemeinen unternehmensintern geregelt werden. Innerbetriebliche Verträge sind dabei üblicherweise wesentlich flexibler bzw. offener gestaltet als marktliche Verträge.

Aus den Attributen Anreizintensität, administrative Kontrollmöglichkeit, autonome und kooperative Adaption und Vertragsbeziehung lassen sich nun verschiedene Koordinationsformen beschreiben, die zwischen Markt und Hierarchie angesiedelt sind.

Sie stellen den Ausgangspunkt für die Untersuchung von Unternehmensnetzwerken dar, indem die strukturellen Dimensionen, wie Organisationsform, Prozesse und Informationssysteme betrachtet werden. Unter anderem wird dabei versucht, eine Klassifizierung für Netzwerkstrukturen zu entwickeln.

**Koordinations-
theorie**

Die Koordinationstheorie unterscheidet abweichend von der Transaktionskosten- und Netzwerktheorie als sog. Koordinationskomponenten Ziele, Agenten bzw. Gruppen von Agenten, Aktivitäten und Ressourcen. Ihr Hauptziel ist die Beschreibung und Lösung von Koordinationsproblemen, wobei eine prozessorientierte Sichtweise eingenommen wird. Ähnlich wie die Transaktionskostentheorie verbindet sie den Einsatz von Informationstechnologie mit dem organisatorischen Wandel (Fleisch 2001, S. 88).

Im Rahmen der Koordinationstheorie wird unter Koordination das Management von Abhängigkeiten verstanden. Eine Abhängigkeit zwischen Beteiligten ist dabei dann gegeben, wenn sie das gleiche Ziel verfolgen. Bezogen auf Aktivitäten liegt Abhängigkeit dann vor, wenn auf die gleiche Ressource zugegriffen wird. Damit ist die Koordinationstheorie relevant für die hier betrachtete Vernetzung innerhalb und zwischen Unternehmen, sofern man Vernetzung als Koordination in Netzwerken, also das Management von Abhängigkeiten in Netzwerken, definiert (Fleisch 2001, S. 88).

Im Falle einer Abhängigkeitsbeziehung liegt ein Koordinationsproblem vor, das mit Hilfe von Koordinationsmechanismen, d.h. Regeln zum Umgang mit diesen Abhängigkeiten, zu lösen ist. Hier unterstützt die Koordinationstheorie zunächst bei der Identifikation und Beschreibung von allgemeingültigen Koordinationsproblemen und bei der Beschreibung bzw. Ableitung von Koordinationsmechanismen zur Lösung dieser Probleme. Darauf aufbauend hilft sie beim Entwurf von neuen Organisationen, Prozessen, Informations- und Kommunikationssystemen zur Koordination menschlicher Arbeit oder von Computerarchitekturen (Fleisch 2001, S. 88 f.).

Vergleichende Betrachtung der Theorien

Zum Abschluss werden die theoretischen Erklärungsansätze hier noch auf ihre Eignung für die Beschreibung und Gestaltung von Geschäftsbeziehungen bzw. Netzwerken geprüft (die Ausführungen orientieren sich an Fleisch 2001, S. 96 ff.):

- *Transaktionskostentheorie*: Sie liefert Erklärungsansätze zur Rolle von Transaktionskosten und Koordination, zum Wandel der Koordinationsform, der Arbeitsteilung auf Aufgabenebene, zum Wandel der Granularität von Geschäftseinheiten und zur Verteilung der Machtkonzentration. Mit Hilfe der Transaktionskostentheorie lassen sich die fundamentalen Auswirkungen von Informationstechnologie auf wirtschaftliche Koordinationsformen beschreiben und erklären. Denn durch die mittels der Informationstechnologie reduzierten Transaktionskosten bilden sich verstärkt Netzwerke heraus. „Die Transaktionskostentheorie liefert hier ein Erklärungsmodell für wichtige unternehmerische Aktionsmuster in Bezug auf die Treiber der Vernetzung." (Fleisch 2001, S. 96) Sie bietet ein Erklärungsmodell für sinkende Arbeitsteilung, da Mitarbeiter bei komplexen Aufgaben entlastet werden. Zu kritisieren ist, dass die Transaktionskostentheorie sich zwar zur Beschreibung und Erklärung eignet, nicht aber die Gestaltung bzw. die Identifikation der Gestaltungsbereiche unterstützt.

- *Netzwerktheorie*: Ihr Ziel ist die Beschreibung von Unternehmensnetzwerken als Organisationsform zwischen Markt und Hierarchie. Inhaltlich bewegt sie sich zwischen Markttheorie und Organisationstheorie und liefert ein umfassendes Beschreibungsmodell der Gestaltungsbereiche eines Netzwerks bzw. eines Netzwerkunternehmens. Problematisch ist, dass Unternehmen in der Regel gleichzeitig an mehreren Netzwerken teilnehmen. „Sie beteiligen sich beispielsweise parallel an Entwicklungs- und Einkaufsgemeinschaften, gehen strategische Marketingpartnerschaften ein und sind mit unterschiedlichen Produkten bzw. Dienstleistungen in unterschiedlichen Wertschöpfungsketten involviert." (Fleisch 2001, S. 97 f.) Das Problem der mehrfachen Vernetzung entsteht aufgrund der Betrachtung von Geschäftseinheiten als primäre Bezugseinheiten der Vernetzung, da diese sich bereits auf einem hohen Aggregationsniveau befinden.

- *Koordinationstheorie*: Sie ist aufgrund ihrer Prozessorientierung, Interdisziplinarität (Verbindung von Organisation und Informatik) zur Erklärung und Beschreibung von Vernetzung gut geeignet und vereint die Netzwerksicht mit der Prozesssicht. Als Kritikpunkt lässt sich die oftmals zu starke Fokussierung auf Informationsverarbeitung anführen.

Zusammenfassend kann festgehalten werden, dass keine der Theorien der Praxisherausforderung der Gestaltung IT-gestützter Geschäftsbeziehungen ohne Weiteres gerecht wird, da keine Theorie ein anwendbares Beschreibungs- oder Gestaltungsmodell einer Geschäftsbeziehung bzw. eines Netzwerkunternehmens vorschlägt (Fleisch 2001, S. 103).

Nichtsdestotrotz liefert jede der Theorien Erklärungsbausteine zum Verständnis, zur Beschreibung und zur Erklärung gegenwärtiger und künftiger Entwicklungen bei der Vernetzung.

1.2.3   Elektronische Marktplätze und E-Procurement

Gegenstand des Kapitels 1.2.2 waren ausgewählte theoretische Ansätze zur Erklärung der Vernetzung. Daran schließt sich in diesem und dem folgenden Kapitel die Erläuterung einiger Ausprägungen der Vernetzung auf Unternehmensebene an. Die inhaltliche Reihenfolge der Kapitel ergibt sich aus der „Enge der Vernetzung": Bei elektronischen Marktplätzen überwiegen indirekte Austauschbeziehungen, d.h. Unternehmen treten nicht direkt und nicht notwendigerweise regelmäßig in Kontakt. Im Unterschied dazu bestehen direkte und länger anhaltende Geschäftsbeziehungen beim E-Procurement. Vergleichsweise enge Informationsaustauschbeziehungen sind schließlich bei virtuellen Unternehmen und im Rahmen des Supply Chain Management anzutreffen (siehe 1.2.4).

Definition Marktplatz

Ziel eines Marktes ist die Zusammenführung von aggregierter Nachfrage und aggregiertem Angebot und die Durchführung von Tauschgeschäften. Sowohl auf Anbieter- als auch auf Nachfragerseite befinden sich dabei jeweils mehrere oder viele Marktteilnehmer, die Interesse an einem Austausch von Gütern oder Dienstleistungen gegen kompensatorische Güter bzw. Dienstleistungen haben (Brenner et al. 2001, S. 142).

Definition Elektronischer Marktplatz

Werden die Zusammenführung der Marktteilnehmer und Durchführung von Transaktionen mit Hilfe der Informations- und Kommunikationstechnik realisiert, spricht man von elektronischen Märkten (oftmals auch: elektronischer Marktplatz, virtueller Marktplatz und virtuelle Handelsplattform). Sie unterstützen den marktmäßigen Tausch von Gütern und Leistungen über einzelne oder alle Transaktionsphasen hinweg. Da die Realisierung des Marktplatzes ausschließlich mittels Hard- und Software erfolgt, liegt kein physischer Marktplatz mit direktem Zugang für Marktteilnehmer vor (Brenner et al. 2001, S. 142 f.).

Elektronische Märkte werden hauptsächlich im B2B-Umfeld diskutiert und entwickelt (Brenner et al. 2001, S. 143). Üblicherweise wird eine Unterscheidung anhand der Wertschöpfungsstufe, der gehandelten Güter und der Offenheit gegenüber Interessenten getroffen (in Anlehnung an Brenner et al. 2001, S. 144, und Pagé et al. 2001, S. 149 f.):

- Zunächst gibt es Unterschiede, auf welcher Stufe der Wertschöpfungskette sich die gehandelten Güter befinden:

  - Auf *vertikalen Marktplätzen* werden Güter einer Branche in verschiedenen Stufen der Wertschöpfungskette gehandelt. Beispiel: Rohstoffe, Zwischenprodukte und Teilsysteme in der Automobilbranche.

  - *Horizontale Marktplätze* zeichnen sich durch branchenübergreifenden Handel von Gütern einer Wertschöpfungsstufe aus. Beispiel: Basis-Chemikalien zur Herstellung von Farben, Pharmazeutika und Pflanzendünger/-schutzmitteln.

  - *Hybride Marktplätze* schließlich stellen eine Kombination aus vertikalen und horizontalen Marktplätzen dar.

- Marktplätze können zusätzlich anhand der Art der gehandelten Güter unterschieden werden:

- *Digitale Güter* sind als Bitfolge darstellbar und lassen sich elektronisch übertragen. Beispiele sind Informationen und Softwareprodukte.

- *Nichtdigitale Güter*, wie z.B. Autos oder Immobilien, sind naturgemäß nicht elektronisch übertragbar. Der Handel auf einem elektronischen Marktplatz umfasst daher ausschließlich den Rechteaustausch, an den sich die physische Lieferung anschließt.

- Von digitalen und nichtdigitalen Gütern sollen hier *digitalisierbare Güter* abgegrenzt werden. Hierbei handelt es sich um Güter, die ursprünglich in nichtdigitalisierter Form gehandelt wurden, vermehrt aber auch digital gehandelt werden (können). Beispiele sind Bücher, Zeitschriften und Musikprodukte, wobei diese vorwiegend von Privatkunden gekauft werden und als Endprodukte weniger auf elektronischen Marktplätzen im B2B-Bereich anzutreffen sein dürften.

• Je nach technologischer Offenheit und Abgrenzung des Marktbetreibers können offene und geschlossene Marktplätze unterschieden werden:

- *Offene bzw. öffentliche Marktplätze* sind dadurch gekennzeichnet, dass weder technologisch – z.B. durch Verwendung offener im Internet üblicher Standards – noch organisatorisch bestimmte Interessenten vom Marktgeschehen ausgeschlossen sind.

- Charakteristisch für *geschlossene bzw. private Marktplätze* ist dagegen, dass entweder technologisch – z.B. durch Einsatz spezieller Protokolle – und/oder organisatorisch – z.B. könnten nur Mitglieder eines bestimmten Verbands zugelassen sein – nicht alle in Frage kommenden Unternehmen am Handel teilnehmen. Private Marktplätze spielen insbesondere auch bei Zulieferbeziehungen eine große Rolle, indem Geschäftspartner in die Supply Chain eingebunden werden. In diesem Fall wird der Marktplatz von einem Käufer oder Lieferanten in erster Linie zum eigenen Nutzen gestaltet.

Insgesamt handelt es sich bei elektronischen Märkten um mit Hilfe der Informations- und Kommunikationstechnik realisierte Marktplätze, die aus Hard- und Software sowie definierten technischen und organisatorischen Regeln bestehen (Brenner et al. 2001, S. 144).

Insbesondere die technische Basis elektronischer Marktplätze eröffnet neuartige Integrationsmöglichkeiten. Die durch den Marktplatz geschaffene Vernetzung kann in Unternehmen hineinreichen, indem interne Anwendungen, wie z.B. Ein- und Verkaufssysteme, ERP-Systeme und Managementinformationssysteme direkt angebunden werden.

Neben dieser Öffnung interner Systeme in Richtung elektronischer Marktplatz ergeben sich Veränderungen durch die zunehmende Ausschaltung von Groß- und Zwischenhändlern (Disintermediation). Zu klären ist, durch wen deren Aufgaben – Abwicklung von Reklamationen, logistische Aufgaben etc. – übernommen werden. Problematisch ist in diesem Zusammenhang die Logistik kleinerer Abnahmemengen, da durch Wegfall der Großhandelsstufe vermehrt direkte Geschäfte zwischen vielen Anbietern und vielen Nachfragern mit kleineren Volumina bzw. Auftragsmengen abgewickelt werden (Brenner et al. 2001, S. 155).

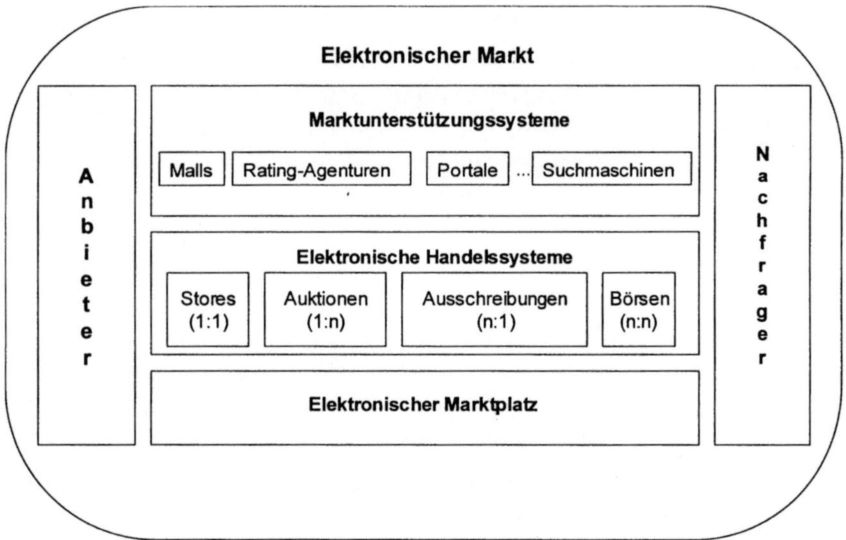

Abbildung 12: Drei-Ebenen-Modell elektronischer Märkte (Picot et al. 2001, S.343)

Abschließend kann folgendes Fazit gezogen werden:

- Elektronische Marktplätze beeinflussen gegenwärtig und künftig die Kommunikation innerhalb und zwischen Unternehmen und wirken sich auf das Beschaffungsverhalten aus.

- Elektronische Marktplätze ermöglichen eine Reduktion der Prozesskosten, schaffen eine höhere Markttransparenz und vergrößern den Kunden- und Lieferantenkreis (Brenner et al. 2001, S. 158). Im Gegensatz zu den ersten Kommunikationsansätzen, wie z.B. EDI, ist die Kommunikation erheblich niedriger und durch die Verwendung von Beschreibungsverfahren anstelle beschränkter Datenaustauschformate mit mehr Partnern möglich (Pagé et al. 2001, S. 145).

- Die mangelnde Transparenz der Marktplatzkonzepte und geringe Bekanntheit vieler Marktplätze verhindert oder bremst den Eintritt potenzieller Teilnehmer. Hinzu kommt die Komplexität der Vorgänge, die in Unternehmen geschaffen oder geändert werden müssen (Brenner et al. 2001, S. 156).

- Neben der Reorganisation bestehender Prozesse ist eine Umstellung bzw. Anbindung bestehender Systeme (z.B. ERP-Systeme) erforderlich, um eine elektronische Informationsübermittlung ohne Medienbruch zu ermöglichen.

- „Die meisten Marktplätze haben mit erheblichen Problemen zu kämpfen, neben technischen und finanziellen vor allem mit einer ungenügenden Anzahl an Marktteilnehmern. Häufig ist unklar, welche Ziele vom jeweiligen Marktplatzbetreiber verfolgt werden." (Brenner et al. 2001, S. 142)

Die gegenwärtige und künftige Bedeutung elektronischer Marktplätze zeigt sich insbesondere an den Aktivitäten in der Automobilindustrie. So organisiert Ford mit Auto-Exchange einen Marktplatz, auf dem 30.000 Lieferanten koordiniert werden sollen. Ziel ist die Kosteneinsparung durch umfassende Vernetzung, indem private Netze auf der Basis von EDI in das Internet verlagert werden (Pagé et al. 2001, S. 146).

Durch den Aufbau eigener Marktplätze bauen große Unternehmen ihr gesamtes Beschaffungswesen um. Im Gegensatz zum „klassischen" Marktplatz, bei dem viele Anbieter auf viele Nachfrager treffen (many to many) und überwiegend indirekt Leistungen austauschen, werden Lieferbeziehungen auf eine neue Basis gestellt (one to many).

Geschäftsbeziehungen auf (elektronischen) Marktplätzen und im Rahmen des E-Procurement unterscheiden sich insbesondere hinsichtlich der Dauer und Intensität.

E-Procurement   Unter E-Procurement wird die Unterstützung und Durchführung von Beschaffungsprozessen durch Nutzung von inter- bzw. extranetbasierten Informations- und Kommunikationstechnologien verstanden (Kohlschmidt 2000, S. 323). Typischerweise ist E-Procurement Bestandteil des Supply Chain Management, das in 1.2.4 behandelt wird.

Die elektronische Unterstützung und Abwicklung von Beschaffungsprozessen ermöglicht unter anderem folgende Vorteile (Kohlschmidt 2000, S. 324):

- Lieferungsvorlaufzeiten werden reduziert, da die Bestellung direkt in die Produktionsplanung einlaufen kann.

- Gesamtdurchlaufzeiten von der Bestellung bis zur Lieferung werden kürzer, da das System keine Medienbrüche aufweist. Es fallen unnötige Arbeitsschritte der manuellen Erfassung und Bearbeitung weg.

- Lagerbestände werden verringert, da über die gesamte Lieferkette bedarfsnah produziert werden kann.

- Produktionskapazitäten können besser und flexibler geplant werden.

- Verwaltungskosten sinken, da alle Daten elektronisch vorliegen und ausgewertet werden können; Beschaffungsdaten werden automatisch aktualisiert.

Allerdings setzt die Realisierung der genannten Vorteile die Lösung zweier erheblicher Probleme voraus. Zum einen besteht das Problem uneinheitlicher Klassifizierungen, d.h. der Austausch von Daten aus elektronischen Katalogen wird dadurch erschwert, dass verschiedene Hersteller unterschiedliche Katalogsystematiken verwenden. (Kohlschmidt 2000, S. 327) Dieses Problem verschärft sich, je komplexer und/oder spezieller die Produkte sind.

Ein weiteres sehr schwerwiegendes Problem stellt das gegenwärtige Fehlen eines Standards für den Datenaustausch dar. Zwar gilt EDI (siehe S. 6) aufgrund seiner Standardisierung als unflexibel für die Abwicklung aller denkbaren Transaktionen. Andererseits verhindert das Nichtvorhandensein eines Standards, dass überhaupt eine Kommunikation zustande kommt und Transaktionen durchgeführt werden können.

Electronic Commerce im Beschaffungsprozess

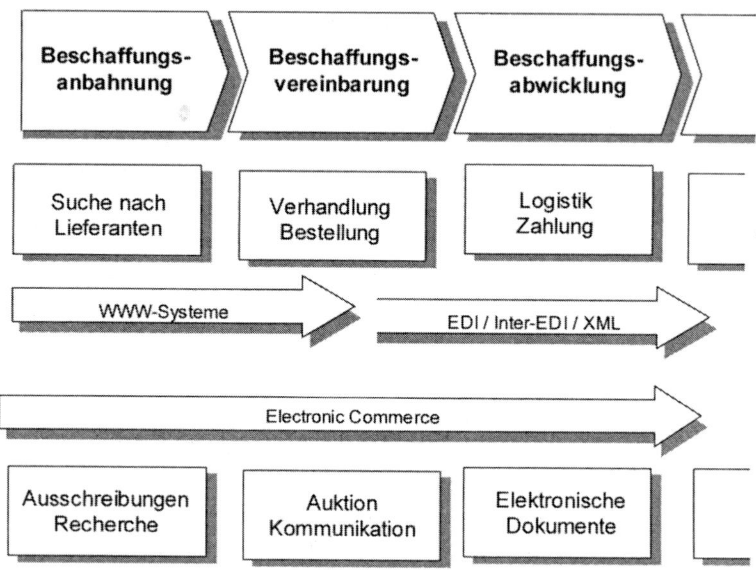

Abbildung 13: E-Procurement (Mattes, F. 1999)

XML

Dem Mangel an standardisierten Kommunikations- und Daten-austauschmöglichkeiten, wie sie in Geschäftsbeziehungen erfor-derlich sind, versucht man mit der Extensible Markup Language (XML) zu begegnen. Mit XML handelt es sich um eine standardi-sierte Sprache zur Notation der Syntax von Auszeichnungs-sprachen (Metasprache). Die Kernidee von XML besteht in der strikten Trennung von Inhalt, Struktur und Darstellung, mit der bereits z.B. eine Reihe von Auszeichnungssprachen (sog. XML-Anwendungen), wie z.B. für Grafiken und E-Commerce die Dar-stellung chemischer Formeln, definiert worden sind. Der Einsatz-bereich von XML ist nicht auf die Definition von Auszeichnungs-sprachen für das Word Wide Web beschränkt, vielmehr kann XML als Basistechnologie für offene Datenformate und einfa-chen, plattformübergreifenden Datenaustausch eingesetzt werden (siehe dazu auch S. 144 f. und S. 166).

Ziel der Entwicklung von XML war die Schaffung eines bewusst offenen Standards, damit beliebige Partner Geschäfte anbahnen und abwickeln können. Als problematisch erweist sich jedoch, dass verschiedene Softwarehersteller von unterschiedlichen Stan-dards ausgehen, um dadurch die eigene Marktposition nicht zu gefährden bzw. auszubauen. Genau dies verhindert die umfassende Kommunikation zwischen beliebigen Geschäftspartnern und steht damit im Widerspruch zum Grundgedanken einer Standardisierung. Dies ändert jedoch nichts an dem Grundgedanken der Schaffung eines offenen Kommunikationsstandards für beliebige Geschäftspartner.

1.2.4   Supply Chain Management und virtuelle Unternehmen

Auf elektronischen Marktplätzen und im Rahmen des E-Procurement treten Unternehmen in Kontakt und tauschen Waren, Dienstleistungen und/oder Informationen aus. Diese Formen können als „lose" Formen der Vernetzung angesehen werden, da der Austausch auf Aktivitäten zur Anbahnung und Durchführung von Geschäften beschränkt sind.

Enger und dauerhafter sind dagegen die Kommunikations- und Austauschbeziehungen im Rahmen des Supply Chain Management und bei der Realisierung von virtuellen Unternehmen, da hier eine wesentlich umfassendere Koordinationsleistung erforderlich ist.

An dieser Stelle soll zunächst der Prozessgedanke nochmals aufgegriffen werden (siehe dazu auch S. 8). Zur Vermeidung von „Bereichsegoismen", wie sie typischerweise in funktional gegliederten Organisationen anzutreffen sind, werden zunehmend prozessorientierte Unternehmensorganisationsformen eingeführt. Dementsprechend sind anstelle von Funktionen Prozesse zu optimieren (Thaler 2001, S. 24; Pagé et al. 2001, S. 132 ff.).

Definition Prozess

Als Prozess wird dabei eine Reihe aufeinander folgender Aktivitäten und Handlungen definiert, die durch Ereignisse im Zeitablauf angestoßen werden und zu einem Ergebnis führen. Prozesse werden in Teilprozesse gegliedert (Thaler 2001, S. 17).

Definition Schlüsselprozess

Ein Schlüsselprozess umfasst wesentliche Prozesse oder Teilprozesse und trägt unmittelbar zur Zweckerfüllung im Kerngeschäft bei (Thaler 2001, S. 17).

Supply Chain Management

Supply Chain Management führt über die Schlüsselprozesse zu einer übergreifenden Prozessverbesserung, da Kunden, Lieferanten und weitere Dienstleister in die logistische Kette einbezogen werden. Es wird vom eigenen Unternehmen ausgehend versucht, durchgängige, übergreifende Prozesse zu realisieren (Thaler 2001, S. 18).

Supply Chain Management betrachtet somit im Gegensatz zum E-Procurement neben der Beschaffungsseite insbesondere auch die

Kundenseite sowie die dazwischen liegenden Prozesse. Zu den Vorteilen des E-Procurement (siehe S. 26) kommt daher die höhere Flexibilität, z.B. durch frühzeitige Information über Nachfrageveränderungen (Thaler 2001, S. 19).

Abbildung 14 verdeutlicht nochmals Unterschiede bzw. den Zusammenhang zwischen E-Commerce, Supply-Chain und elektronischen Marktplätzen.

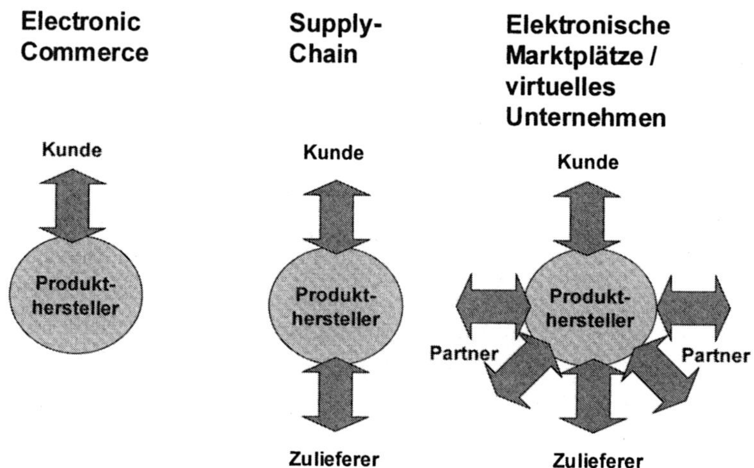

Abbildung 14: E-Commerce, Supply Chain und elektronische Marktplätze (Pagé et al. 2001, S. 162)

Virtuelles Unternehmen

Ein virtuelles Unternehmen ist ein Netzwerk rechtlich unabhängiger Unternehmen (unter Umständen auch unterschiedlicher Unternehmensbereiche), Institutionen und/oder Einzelpersonen für eine begrenzte Zeit zur Bewältigung einer definierten, gemeinsamen Aufgabe. In die Zusammenarbeit werden vorrangig die Kernkompetenzen eingebracht. Die kooperierenden Einheiten wirken bei der Leistungserstellung gegenüber Dritten wie ein einheitliches Unternehmen. Auf die Institutionalisierung zentraler Managementfunktionen zur Gestaltung, Lenkung und Weiterentwicklung des virtuellen Unternehmens wird weitgehend verzichtet. Der notwendige Koordinations- und Abstimmungsbedarf wird durch geeignete Informations- und Kommunikationssysteme gedeckt (Fleisch 2001, S. 79; Thaler 2001, S. 28).

Potenziale	Beschreibung
Flexibilität	Virtuelle Unternehmen sind offen für jedes passende Unternehmen.
	Kleine und mittlere Unternehmen können durch Zusammenschlüsse „größer" werden.
	Gegenüber Kunden tritt das Netzwerk als ein Anbieter auf.
	Zusammenarbeit kann ohne starre Organisationsstrukturen erfolgen.
	Raum und Entfernung verlieren an Bedeutung.
Schnelligkeit	Hohe Geschwindigkeit der weltweiten Datenübertragung durch Informations- und Kommunikationstechnologie.
	Virtuelles Netzwerk schafft Grundlage für eine schnelle Projektrealisierung.
	Virtuelles Netzwerk ist schnell auflösbar.
	Marktpotenziale werden schneller erkannt und genutzt.
Mitarbeiter und Know-how	Projektgruppen arbeiten überbetrieblich an unterschiedlichen Orten sowie in verschiedenen Zeitzonen.
	Experten können Know-how aus ihrem Gebiet einfließen lassen.
	Fachliche Fähigkeiten werden ergänzt.
	Für die Kunden entsteht höhere Wertschöpfung.
	Der Arbeitsstil verändert sich, es wird „von Projekt zu Projekt" gearbeitet.
	Der persönliche Kontakt und Zusammenhalt wird reduziert.
	Mitarbeiter werden stärker gefordert.
Organisatorischer Aufwand	Es braucht kein neues Unternehmen gegründet zu werden.
	Keine konventionelle Organisation notwendig.
	Geringer Kapitalaufwand.
	Interne und externe Koordination ist schwierig.
	Infrastrukturkosten müssen entsprechend aufgeteilt werden.
	Datenschutz (Verschlüsselung) ist zu regeln.

Abbildung 15: Eigenschaften virtueller Unternehmen (Thaler 2001, S. 29)

Virtuelle Unternehmen sind damit eine konsequente Fortsetzung von Suppy Chains über die Unternehmensgrenzen hinweg. Die

Kommunikation erfolgt in der Regel elektronisch zur Vermeidung von Medienbrüchen.

In Anlehnung an Klein (1997, S. 50) kann abschließend festgehalten werden, dass durch hohe Komplexität und Koordinations- und Kommunikationsintensität gekennzeichnete virtuelle Strukturen nur dann effizient sind, wenn die Vorteile größerer Flexibilität und Autonomie die Koordinations- und Kommunikationskosten überwiegen. Es ist abzusehen, dass die technologische und die Kostenentwicklung von Informations- und Telekommunikationstechnologien die Realisierung verteilter Strukturen (z.B. verteiltes Arbeiten, orts- und zeitunabhängige Nutzung von Informationsbeständen) und virtueller Unternehmen begünstigen wird.

1.3   Network Economy aus Kundensicht

Es ist davon auszugehen, dass die Ausgestaltung und der Nutzen der Network Economy von Unternehmen und Kunden unterschiedlich betrachtet und beurteilt wird. Kunden sind in diesem Zusammenhang nicht nur „Abnehmer, die bei einem bestimmten Anbieter mit einem gewissen Maß an Regelmäßigkeit ihren Bedarf decken" (Nieschlag et al. 1997, S. 40), sondern auch *potenzielle* Abnehmer. Da dieses Buch hauptsächlich B2C-Beziehungen betrachtet, sind im Weiteren mit Kunden stets Privatkunden gemeint.

Wie die vorangegangenen Kapitel gezeigt haben, ergeben sich aus Kundensicht vollkommen neue Möglichkeiten, sich Informationen z.B. über Produkte, Dienstleistungen und Unternehmen zu beschaffen. Auch für die Durchführung von Kauftransaktionen, d.h. die Bestellung und Abwicklung, eröffnen sich durch das Internet neue Wege.

1.3.1   Informationsmacht des Kunden

Neben Informationen, die Kunden von Herstellern und Händlern erhalten, haben Kunden nunmehr die Möglichkeit, unabhängige Institutionen und Communities (siehe S. 9) zu Rate zu ziehen. Privatpersonen können sich dadurch einen umfassenden Marktüberblick verschaffen und Produktalternativen unter verschiedenen Gesichtspunkten gegeneinander abwägen. Unter Umständen stehen neben Informationen zu objektiven Produkteigenschaften auch Angaben zu Erfahrungen und Eindrücke anderer Privatpersonen zur Verfügung. Darüber hinaus bieten Online-Foren die

Möglichkeit, z.B. direkt mit (anderen) Nutzern in Kontakt zu treten und z.B. Erfahrungen und Meinungen auszutauschen.

Die auf Seite 17 aufgezeigte Entwicklung vom Verkäufer- zum Käufermarkt wird somit durch mehrere Tendenzen begleitet bzw. forciert: Neben zunehmendem Wettbewerb durch Globalisierung, hohe Produktqualität und Austauschbarkeit von Produkten tritt die gestiegene Informiertheit von Kunden und die Verfügbarkeit von Informationen zu jeder Zeit und an jedem Ort. Dies führt unweigerlich zur Konkurrenz um die begrenzte Ressource „Wahrnehmung durch potenzielle Kunden".

1.3.2   Kundenfokussierung

Ohne die Ausführungen der Kapitel 2 und 3 vorwegzunehmen, kann festgehalten werden, dass sich die Beziehungen zwischen Unternehmen und Kunden verändert haben und verändern werden. In Anlehnung an Pagé et al. (2001, S. 37) zeichnen sich folgende Entwicklungen ab:

- Uneingeschränkter Zugang zu Informationen führt zu informierten Kunden.

- Intensiverer Preis- und Leistungswettbewerb durch erleichterten Angebotsvergleich.

- „One-to-one"-Marketing auf Basis detaillierter Kundenprofile.

- Zunehmende Bedeutung von Kundenservice, -bindung und -zufriedenheit.

- Weltweite Präsenz für Kunden und Lieferung über verschiedene Kanäle.

- Redefinition der Vertriebskanäle und Trend zum Direktvertrieb.

- Stärkere Nachfrageorientierung in der Produktion (Supply Chain Management).

Es ist somit erforderlich, dass Unternehmen immer stärker auf Kundenbedürfnisse eingehen. Je nach Produktart stehen Unternehmen Möglichkeiten zur Verfügung, um Kunden zusätzliche Serviceleistungen anzubieten. „Denn der Käufer fragt i.d.R. nicht nach einem Produkt, sondern nach einer Leistung." (Fleisch 2001, S. 19)

Im Zuge dieser Kunden- bzw. Serviceorientierung ist in der Regel eine Zusammenarbeit verschiedener Unternehmen erforderlich, damit Unternehmen gemeinsame Leistungen anstelle gesonderter Produkte anbieten. Dies ist der Ansatzpunkt des Supply Chain Management und der Entwicklung virtueller Unternehmen (siehe dazu Seite 33 ff.).

Abschließend kann somit festgehalten werden, dass die Entwicklung vom Verkäufermarkt zum Käufermarkt Ursache und gleichzeitig Folge der Vernetzung ist:

- Die Entwicklung zum Käufermarkt ist Ursache der Vernetzung, da Unternehmen zunehmend gefordert sind, Informationen auszutauschen und zusammen zu arbeiten, um Kundenbedürfnisse erkennen und auf sie eingehen zu können. Die Vernetzung findet dabei unternehmensseitig und zwischen Unternehmen und Kunden statt.

- Folge der Vernetzung ist, dass Kunden informierter sind und sehr vielen Informationen sowohl von Unternehmen als auch von Kunden ausgesetzt sind. Dies trägt zu der Entwicklung zum Käufermarkt bei.

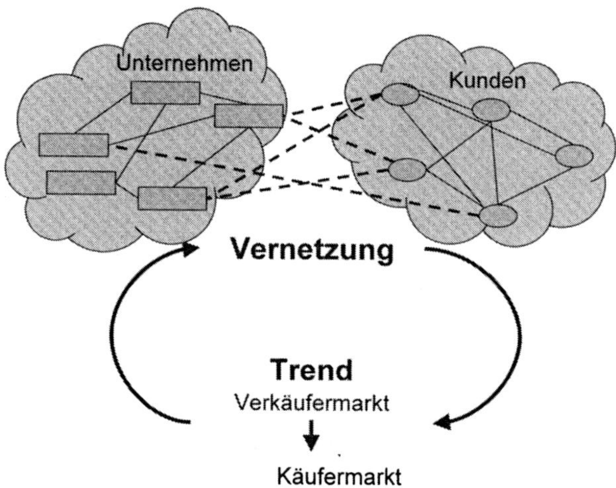

Abbildung 16: Zusammenhang zwischen Vernetzung und Entwicklung zum Käufermarkt

Unternehmen sind zunehmend bestrebt, Beziehungen zu Kunden aufzubauen und zu intensivieren, d.h. Kunden an sich zu binden (siehe dazu im Einzelnen Kapitel 3). Eine Möglichkeit besteht im (Mit-)Aufbau von Communities (siehe dazu S. 9), wobei Unternehmen das Ziel haben, Kundenprobleme schneller zu erkennen und zu lösen, indem offen und möglichst objektiv Erfahrungen und Meinungen zwischen Kunden und Unternehmensmitarbeitern ausgetauscht werden. Communities fungieren dann allerdings nicht mehr als unternehmensunabhängige Interessengruppen, sondern übernehmen die Aufgabe eines Kommunikationskanals mit Interaktionscharakter.

1.3.3   Kundenintegration

Probst et al. (1998) sehen es als erwiesen an, dass die Intensivierung von Kundenbeziehungen ein erfolgreicher Weg ist bzw. sein wird. Sie entwickeln daraus die Vision der elektronischen Kundenintegration auf Basis eines sog. Konsumentenkanals, der letztlich auf der Internet-Technologie basiert.

Diese Vision der Kundenintegration soll hier anhand von Beispielen skizziert werden:

Beispiel Kundenintegration (aus Probst et al. 1998, S. 2f.)

Unser Kunde in einer nicht allzu fernen Zukunft fühlt sich wirklich wie ein König. Seit einiger Zeit benutzt er immer öfter seinen elektronischen Konsumentenkanal.

Im Januar war es kalt und eisig. Er hatte Probleme mit seinem Autoschloss. Nach seiner Anfrage im Konsumentenkanal, „Ich habe ein Problem mit meinem Autoschloss, infolge der dauernden Kälte", erhielt er von einer Drogerie und einer Tankstellenkette einige Sekunden später über seinen Bildschirm eine Antwort, welches Produkt er wo zu welchem Preis kaufen kann. Zudem konnte er die Gebrauchsanleitung abrufen.

In der gleichen Woche sollte er ein Geschenk für sein Patenkind vorbereiten. Er wusste, er wollte dem Kind ein einfaches Spielzeug aus Holz schenken und formulierte entsprechend sein Anliegen. Es meldeten sich einige Sekunden später drei Spielzeugläden und ein größeres Warenhaus, indem sie auf die entsprechenden Web Pages verwiesen, auf denen solches Spielzeug beschrieben war. Am nächsten Tag besuchte er einen dieser Läden. Nach einem lehrreichen Gespräch mit einem Verkäufer entschied er sich aber für einen Teddybären.

Vor Ostern wollte er übers Wochenende nach Paris. Er gab ein: "Ich möchte mit der Bahn für ein Wochenende nach Paris, vom 3. bis 5. April." Er erhielt von der Bahn ein Angebot, ebenso von mehreren Reiseveranstaltern. Ein Reiseveranstalter bot sogar eine virtuelle Sightseeing-Tour an. Sehr brauchbar war insbesondere eine Übersicht über die Sehenswürdigkeiten und Veranstaltungen. Buchen konnte er direkt über seinen Konsumentenkanal.

> Sehr verblüfft war er im Mai. Sein Fernsehapparat schien defekt zu sein. Er meldete auch dies seinem elektronischen Kundenkanal. Vom Vertreter des entsprechenden Herstellers erhielt er Sekunden später erstens eine Meldung, dass er mitteilen möge, wann jemand vorbeikommen solle. Zuvor wurden ihm aber noch einige Testfragen gestellt. Zweitens erhielt er ein Umtauschangebot, von dem er dann wirklich auch Gebrauch gemacht hat.
>
> So ging es weiter. Regelmäßig erkundigt er sich nun auch immer, bevor er einkaufen geht, über Nahrungsmittelangebote. Letztens hatte er eine Beschwerde, da die gekauften Orangen ungenießbar ausgetrocknet waren. Er meldete sich, indem er zuerst die Warenhauskette im Konsumentenkanal eingab. Diese antwortete sogleich mit ihrer Page. Dort formulierte er seine Beschwerde. Er erhielt unmittelbar die Antwort, dass die Sache mit den Orangen untersucht würde. Einen Tag später erhielt er eine Meldung, dass ihm beim nächsten Einkauf ein Betrag X gutgeschrieben werde.
>
> Heute nun ist eine Bekannte bei ihm. Eines der Gesprächsthemen ist dieser Konsumentenkanal, da gegenwärtig eine Initiative der Krankenkassen zusammen mit den Apotheken bei den Ärzten für Wirbel sorgt. Bei gesundheitlichen Problemen soll man sich jetzt ebenfalls über den Konsumentenkanal melden können. Man erhält sogleich eine Empfehlung über die weiteren Schritte, die man unternehmen solle, und an wen man sich wenden könne. Auch erzählt ihm seine Bekannte, dass sie ihre Anliegen seit zwei Wochen nur noch mündlich eingebe. Von einigen Anbietern erhält sie dann auch die Antwort zusätzlich in gesprochener Form zurück.

Diese Form der Kommunikation zwischen Unternehmen und Kunden findet noch nicht statt: Unternehmen gehen zurzeit u.a. aus verschiedenen technischen und organisatorischen Gründen sowie rechtlichen Einschränkungen nicht direkt auf Kunden zu. Vielmehr sind Kunden darauf angewiesen, sich entweder selbst an Unternehmen zu wenden oder sich auf andere Weise Informationen und Problemlösungen, z.B. Erfahrungen anderer Kunden, zu beschaffen. Um mit anderen Kunden „virtuell" in Kontakt zu kommen, haben sich daher die Communities herausgebildet (siehe dazu S. 9).

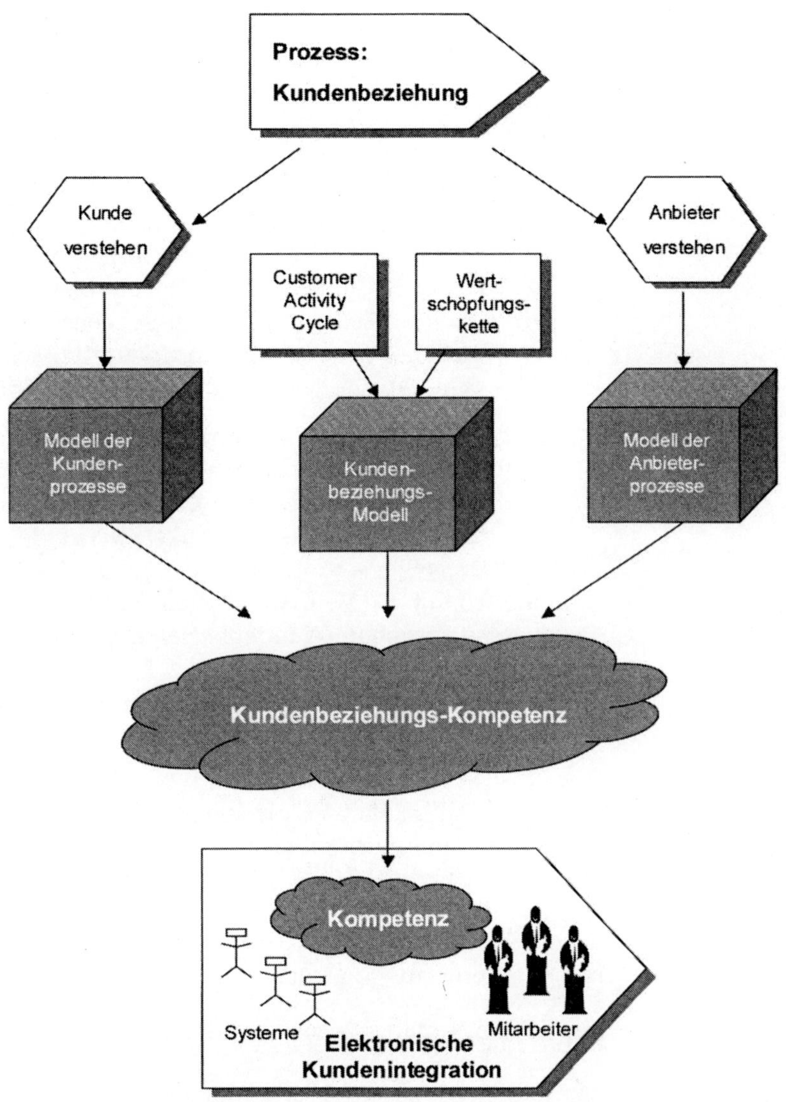

Abbildung 17: Komponenten der elektronischen Kundenintegration (Probst et al. 1998, S. 22)

Das Aufkommen virtueller Communities spricht an sich dagegen,
dass sich die Kundenintegration ausschließlich in der beschriebenen Form entwickeln wird. Zwar können Kunden dort in der
Tat ihre Probleme oder Fragen zu beliebigen Themen oder Produkten einstellen. Beantwortet werden diese jedoch hauptsächlich von anderen Teilnehmern der Community und derzeit weni-

ger oder gar nicht von Unternehmen. Vielmehr sind zwei Beziehungs- bzw. Kommunikationsformen zwischen Kunden und Unternehmen vorstellbar:

- Sowohl Kunden als auch Unternehmen nehmen an virtuellen Communities teil und bauen damit quasi indirekte Kundenbeziehungen auf. Zwar könnte damit die Objektivität der Inhalte infrage gestellt werden, andererseits erhalten Unternehmen wesentlich schneller Signale, um Serviceleistungen bzw. Problemlösungen zu entwickeln bzw. zu kommunizieren. Kunden wiederum erhalten schneller kompetenten Rat oder stoßen Diskussionen und/oder Problemlösungen an, ohne sich notwendigerweise zu erkennen zu geben.

- Durch den Aufbau von Kundenbeziehungen in Form eines Customer Relationship Management (siehe dazu Kapitel 2 und 3) kommunizieren Unternehmen und Kunden direkt miteinander. Hier sind Ähnlichkeiten mit der in Abbildung 17 dargestellten Kundenintegration erkennbar. Verglichen mit der auf S. 39 f. erläuterten Vision einer Kundenintegration entstehen Kundenbeziehungen (noch?) nicht dadurch, dass Kunden Fragen oder Probleme in einen elektronischen Kundenkanal stellen, worauf Unternehmen sich dann mit Antworten und Lösungsvorschlägen an diese Kunden wenden.

Die hier dargestellte Vision einer Kundenintegration existiert derzeit nicht und wird möglicherweise auch nicht in dieser Form existieren. Unbestritten ist jedoch die Tatsache, welche Bedeutung Kundenbeziehungen für Unternehmen haben und künftig haben werden. Diese Entwicklung geht einher mit der zunehmenden Vernetzung in Wirtschaft und Gesellschaft.

1.4   Information Networking

Die vorangegangenen Kapitel befassten sich hauptsächlich mit aktuellen und künftigen Entwicklungen in der Network Economy. Grundlegende Konzepte, wie z.B. virtuelle Unternehmen, elektronische Marktplätze und virtuelle Communities, wurden dabei im Wesentlichen getrennt voneinander dargestellt. Voraussetzung für die Realisierung der Network Economy ist jedoch die Integration dieser Konzepte; nur indem Medienbrüche zwischen vernetzten Beteiligten vermieden werden, lassen sich die genannten Vorteile verwirklichen.

Der Begriff Information Networking verbindet Aspekte der Vernetzung, der Kooperation und des Informationsaustauschs sowohl innerhalb von Unternehmen als auch über die Unternehmensgrenzen hinaus zu anderen Unternehmen und zu Kunden. Hinzu kommt der Prozessgedanke, wobei nicht mehr von linearen Abläufen, wie sie in Darstellungen der Wertschöpfungskette zu finden sind, auszugehen ist. Vielmehr steht der Fluss von Informationen und damit die Informationslogistik im Vordergrund. In Anlehnung an Hofmann (2001, S. 89 f.) kann sogar von einer Dekonstruktion der Wertschöpfungskette gesprochen werden.

Die genannten Merkmale sind grundsätzlich mehr oder weniger ausgeprägt auch beim Network Computing und dem Business Networking anzutreffen. Daher sollen diese Begriffe zunächst vom Information Networking abgegrenzt werden.

Network Computing

Der Schwerpunkt der Bemühungen im Rahmen des Network Computing ist bei der technischen Realisierung der Vernetzung zu sehen, bei der es unter anderem um die Entwicklung und Standardisierung von Kommunikationsprotokollen geht. Ein weiteres Gebiet ist die Entwicklung sog. Netzwerk-Computer (thin clients), auf denen Applikationen gestartet werden können, die aus einer Netzwerkumgebung geladen werden. Daten wiederum werden ebenfalls im Netzwerk gespeichert, da derartige Computer in der Regel weder Festplatten- noch Diskettenlaufwerke besitzen. Das Network Computing ermöglicht somit in Unternehmen erhebliche Einsparungen, da Applikationen nicht auf jedem Client installiert und gewartet werden müssen.

Im Unterschied zum Information Networking steht beim Network Computing damit die technische Realisierung im Vordergrund, während organisatorische Aspekte (z.B. Prozessorganisation) nicht Gegenstand der Betrachtung sind.

Business Networking

Österle et al. (2001, S. 2) definieren Business Networking wie folgt: "Business Networking in the new economy can be seen as the coordination of processes within and across companies. More precisely, we define Business Networking as the management of IT-enabled relationships between internal and external business partners."

Der Schwerpunkt der Betrachtungen liegt bei Prozessen und Koordinationsmechanismen, insbesondere im Hinblick auf die Vernetzung innerhalb und zwischen Unternehmen. Dabei wird eine umfassende, abstrahierende Sichtweise der Zusammenhänge gewählt, die über „nackte" Informationsflüsse und -verarbeitung hinausgeht.

Networkability Für die interne und externe Kooperationsfähigkeit von Unternehmen prägen Österle et al. (2001, S. 5) in Anlehnung an Wigand den Begriff „Networkability". „Networkability refers to (a) resources, such as employees, managers and information systems, (b) business processes, e.g. the sales process, an (c) business units, e.g. an enterprise in a supply chain. Networkability describes the ability to rapidly establish an efficient business relationship." (Österle et al. 2001, S. 5) Im Business Networking steht somit die Vernetzung auf Unternehmensebene im Mittelpunkt, wobei dies die Vernetzung zwischen Unternehmensbereichen, zu anderen Unternehmen und zu Kunden umfasst.

Information Networking lässt sich nun wie folgt abgrenzen:

Information Networking vs. Network Computing

- Im Unterschied zum Network Computing spielen Aspekte der technischen Realisierung von Netzwerken nur eine untergeordnete Rolle, d.h. Netzwerkprotokolle, Router, Steuerungssysteme etc. werden als gegeben vorausgesetzt. Technische Fragestellungen beschränken sich beim Information Networking auf die Verarbeitung und Weitergabe von Informationen. In diesem Zusammenhang geht es z.B. darum, wie Informationsverarbeitungsergebnisse automatisch zur Personalisierung des Webauftritts oder im Kampagnenmanagement weiterverarbeitet werden können (siehe dazu Kapitel 3.1). Derartige Aspekte der technischen Realisierung befinden sich somit auf einem höheren Abstraktionsniveau als die Fragestellungen des Network Computing.

Information Networking vs. Business Networking

- Das Forschungsgebiet Business Networking betrachtet schwerpunktmäßig Prozesse und deren Koordination in Unternehmen. Technische Aspekte der Informationslogistik, wie sie im Information Networking entwickelt und untersucht werden, sind dabei von nachrangiger Bedeutung. Es geht beim Business Networking also z.B. nicht um Mechanismen, die die Verteilung und Rückkopplung bestimmter Informationen zwischen Abteilungen oder Computersystemen sicherstellen. Die Betrachtungsweise des Business Networking lässt sich daher mit einer „Makroperspektive" vergleichen, während Information Networking eine über dem Network Computing angesiedelte „Mikroperspektive" einnimmt.

1.4.1   Intra-Networking

Auch wenn sich die interne Vernetzung nicht gesondert von der externen Vernetzung betrachten lässt, wird in diesem Buch zwischen Intra- und Extra-Networking unterschieden. Dies lässt sich mit der jeweils unterschiedlichen Ausgestaltung von Informationsbeziehungen begründen. Der Zusammenhang zwischen Intra- und Extra-Networking wird in Kapitel 1.4.2 (ab S. 48) wieder hergestellt.

Wie die Ausführungen in Kapitel 1.2 (ab S. 15) gezeigt haben, entwickeln sich Unternehmensstrukturen weg von einer funktionalen Organisation in Richtung Prozessorganisation.

Innerbetriebliche Prozesse werden dabei von Informationsaktivitäten begleitet. Aufgrund informationstechnischer Entwicklungen und immer komplexer werdender Marktanforderungen steigt der Informationsanteil im Leistungsprozess und im Produkt. Information übernimmt damit eine entscheidende Rolle im Leistungserstellungsprozess bzw. ist in vielen Fällen das Resultat des Prozesses (Hofmann 2001, S. 109). Voraussetzung ist eine Verknüpfung von Informations- und Wertschöpfungsprozessen. Dies wird zunehmend durch Intranets bewerkstelligt (siehe S. 1 ff.).

Abbildung 18: Wechselwirkungen von Strategie und Struktur (Müller-Stewens 1997a, S. 19)

Durch informationstechnologische Weiterentwicklungen werden – unabhängig von Funktionen oder Prozessen – innerbetrieblicher Nachrichtenaustausch, eine gemeinsame Dokumentenbearbeitung und -verwaltung und eine gemeinsame Termin- und Projektverwaltung unterstützt. Dies ermöglicht neben der Realisierung arbeitsteiliger Prozesse (Workflow Management; siehe auch 3.4.1) auch Telearbeitsformen und Computer Supported Cooperative Work sowie die technische Umsetzung des Wissensmanagement (Hofmann 2001, S. 109 f.).

Die bei Müller-Stewens (1997, S. 4 ff.) beschriebenen Entwicklungsschritte in Richtung Prozessorganisation können Abbildung 19 entnommen werden.

Auch wenn davon ausgegangen werden kann, dass die in Abbildung 19 genannten Entwicklungsschritte wesentlich durch Internet-Technologien geprägt bzw. beeinflusst werden, erweist sich die Beurteilung ihrer Wirkungen auf die Unternehmensorganisation zurzeit als problematisch. Gründe dafür sind, dass innerbetriebliche Daten wenig zugänglich sind und sehr verstreut und gering komprimiert vorliegen. Zudem verkomplizieren sich Abläufe innerhalb von Unternehmen und über die Unternehmensgrenzen hinweg, was eine Abschätzung der Auswirkungen neuer Technologien zusätzlich erschwert (Hofmann 2001, S. 104 f.).

Ansätze	Was ist der Beitrag?	Wo sind die Grenzen?
Ansätze 1. Ordnung: Finetuning der Wertschöpfungsaktivitäten		
Qualitäts-management	• Systemische Prozesssichtweise • Teams garantieren Integration • Ermächtigung der Prozessbeteiligten	• produktionstechnisch dominiert • fokussiert auf Fehlerquotenreduktion • eher inkrementale Verbesserungen
Kontinuierliche Verbesserung (Kaizen)	• Permanenz des Verbesserns • auch Qualitätssprünge denkbar	• starke Ausrichtung an der Fertigung
Ansätze 2. Ordnung: Überprüfung der Prozesse am Wettbewerb		
Benchmarking; Best Practice	• Einbezug der Konkurrenz • Prozesse als Wettbewerbsvorteil	• man „läuft systematisch hinterher" • begrenzte Beobachtbarkeit • eher suboptimierend denn systemisch
Lean Production	• auf Flexibilität ausgerichtet • kostenneutrale Anhebung der Leistung • systemisch	• Industrieller Fokus

(Fortsetzung auf der nächsten Seite)

(Fortsetzung der vorigen Seite)

Ansätze 3. Ordnung: Optimierung des Wertschöpfungsprozesses		
Kunden-orientierung	• an Kundenbedürfnissen ausgerichtet • Verbreiterung des Kundenkontaktes • Markt als zentrale Feedback-Instanz	• begrenzte Erfassbarkeit • Verzerrung bei „indirekten Kunden"
Reduktion der Durchlaufzeiten	• Geschwindigkeit als Thema • Beschleunigung durch Simultaneität • Flexibilität beim Programmangebot	• Komplexitätshandhabung • strukturell ausgerichtet
Horizontale bzw. laterale Organisation	• Einbezug des Settings aller Prozesse • Verhaltenstransformation beachtet • Bereichsübergreifende Teams	• Konflikte über Matrixorganisation
Business Process Reengineering	• radikale Veränderungen • expliziter Hinzuzug Externer	• Ausrichtung an Strukturgrößen • begrenzte Veränderbarkeit • Verfügbarkeit neuer Fähigkeiten
Ansätze 4. Ordnung: Konfiguration der Wertschöpfungskette		
Virtuelle Organisation	• Effizienz einer Marktkoordination • Flexibilität über Partnerschaften • IT als Enabler	• eingeschränkte Konflikte • Kooperationskompetenz
Netzwerk-organisation	• Permanentes Redesign • Beherrschung nicht notwendig • offen für neue Geschäfte	• indirekte Abhängigkeiten • Funktionieren des Marktes • Dilemma Konkurrenz/Kooperation
Hybride Organisation	• vereint unterschiedliche Prozessarten • „Mass Customization" • kundenorientierte Organisation	• Integration der Prozesse

Abbildung 19: Konzepte zur Prozessorganisation (Müller-Stewens 1997a, S. 5)

1.4.2   Extra-Networking

Geschäftsprozesse gehen zunehmend über die Unternehmensgrenzen hinaus. Auch hier wirkt sich die Vernetzung aus, indem betriebsinterne Abläufe einerseits bis hin zum Kunden bzw. andererseits bis hin zu Geschäftspartnern ausgeweitet werden. Die in diesem Zusammenhang erforderliche Integration verschiedener (Teil-)Prozesse erfolgt dabei im Rahmen des Supply Chain Management (siehe dazu S. 33 ff.) und im Rahmen des Customer Relationship Management (siehe dazu Kapitel 2 und 3).

In Abbildung 20 ist dargestellt, wie Unternehmen über ihre Grenzen hinweg vernetzt sind und welche Koordinationsbereiche sich daraus ergeben. Gerade die Vernetzung über die Unternehmensgrenzen hinaus stellt eine große Herausforderung dar, weil dazu eine Verknüpfung der Prozessketten logistisch hintereinanderliegender Felder der Wertschöpfungskette erforderlich ist. Hier schafft das Internet in Form von Extranets (siehe dazu S. 6) die Möglichkeit, sich von starren Netzwerkvereinbarungen zu lösen und dynamische, offene und netzwerkgestützte Allianzen und Kooperationen, z.B. in Form von virtuellen Unternehmen (siehe dazu S. 34), einzugehen.

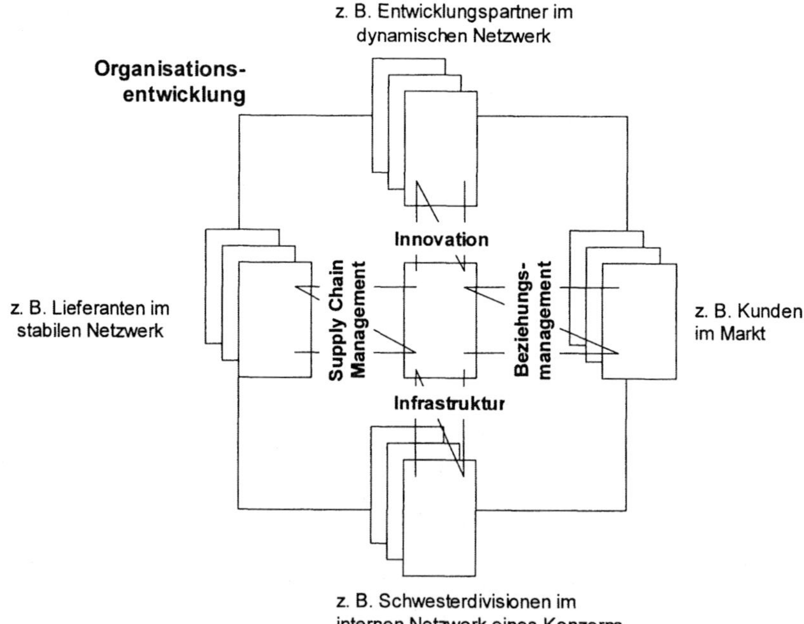

Abbildung 20: Koordinationsbereiche (Fleisch 2001, S. 169)

1.5   Erfolgsfaktoren und Zukunft der Network Economy

Die aufgezeigte Entwicklung einer Network Economy durch die zunehmende Vernetzung verhilft gemäß Hofmann (2001, S. 223) alten, längst als theoretisch und utopisch eingeschätzten Modellen der Mikroökonomie zu neuem Leben und macht die Schaffung eines vollkommenen Marktes, eines vollkommenen Konkurrenzgleichgewichtes wahrscheinlicher.

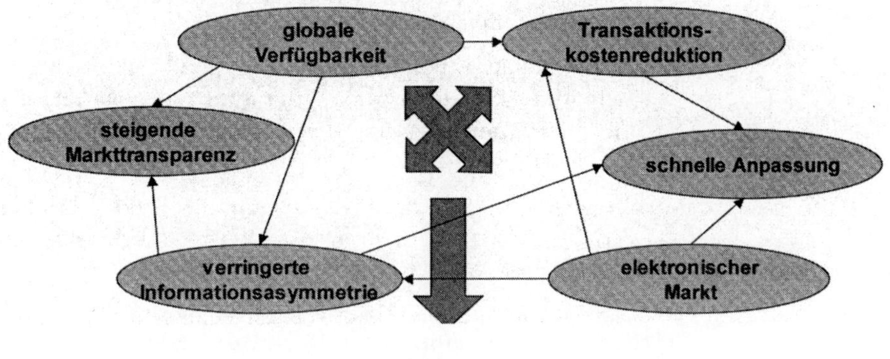

Abbildung 21: Zusammenfassende Betrachtung der Marktgesetze in der Internet-Ökonomie (Meffert 2001, S. 166)

Die Vernetzung innerhalb und zwischen Unternehmen sowie insbesondere zwischen Unternehmen und Kunden führt – sieht man einmal von den nachfolgend genannten Barrieren ab – laut Hofmann (2001, S. 223) zu

- einem globalen Markt, auf dem sich alle interessierten Käufer und Anbieter treffen,

- vollkommener Information über Produkte,

- Informationen über Präferenzen der Nachfrager und gegebenenfalls den gewählten Produktkonfigurierungen (Customization),

- automatisierten Preis-/Qualitätsvergleichen und Verhandlungen,

- wirkungsvollen Preisdifferenzierungen,

- einer preislichen Erfassung externer Effekte und

- einer Kostenreduzierung in der Wertschöpfungskette.

Nichtsdestotrotz wird diese Entwicklung durch eine Reihe von Barrieren gebremst oder verhindert:

- Es fehlt an rechtlichen Rahmenbedingungen und technologischen Lösungen, um Sicherheitsrisiken, etwa bei der Übermittlung unternehmenskritischer oder persönlicher Daten, auszuschließen.

- Das Verhalten von Konsumenten und Mitarbeitern ändert sich unterschiedlich oder langsamer als erwartet, was auch im Zusammenhang mit dem erstgenannten Punkt gesehen werden muss.

- Organisationsstrukturen, Management- und Entscheidungsprozesse von Unternehmen werden nicht oder nur sehr langsam angepasst.

Hier ist es die Aufgabe von Wissenschaft und Forschung, „die Komplexität zu reduzieren, Trends und Risiken zu erkennen sowie mögliche Maßnahmen im Sinne einer Vorsteuerung zu entwerfen" (Hofmann 2001, S. 224). Insbesondere geht es dabei um die Beantwortung folgender Fragen (Hofmann 2001, S. 224 f.):

- *Nachfragerverhalten*: Wie werden Nachfrager ihr Verhalten ändern vor dem Hintergrund der zur Verfügung stehenden vielseitigen Informationen, dem geringen Aufwand, diese zu erhalten und den großen Wahlmöglichkeiten?

- *Neue Märkte*: Welche bisher nicht gekannten neuen Märkte werden die Netzwerk-Technologien hervorbringen?

- *Unternehmensstrategien*: Welche neuen Geschäftsmodelle sind die Treiber einer zunehmenden Netzwerk-Ökonomie? Wie binden die Unternehmen derzeit die Netzwerk-Technologien in ihre Wettbewerbsstrategien ein?

- *Infrastruktur*: Welche Marktstrukturen, ökonomischen Interessen, Modelle, Strukturen der Nachfrage, nationalen Politiken markieren die Ausbaurichtung der Netzwerke?

- *Innovationen*: Welche Schrittmachertechnologien werden den derzeitigen technologischen Entwicklungskorridor ändern? Wie kann man die Geschwindigkeit der Diffusion verschiedener Internet-Anwendungen und deren ökonomische Wirkungen messen?

- *Historische Analogien*: Was kann man aus den Mustern früherer technologischer Umbrüche, wie Einführung der Eisenbahn, des Telefons, der Mikroelektronik etc. lernen?

- *Rahmenbedingungen*: Welche neuen, an eine Netzwerk-Ökonomie angepassten Rahmenbedingungen soll die Politik in den Feldern Datenschutz, Urheberrecht, Handelsrecht, Arbeitsrecht, Sozialverträglichkeit vorgeben bzw. ausbalancieren? Welcher internationaler Vereinbarungen bedarf es, damit angesichts der global wirkenden Netzwerke die einzelnen nationalen Rahmenbedingungen wirken und harmonieren können?

CRM und e-CRM als Bindeglied zwischen Unternehmen und Kunden

Kundenorientierung mit dem Ziel des Aufbaus und der Erhaltung langfristiger Kundenbeziehungen gilt als *das* Erfolgskonzept für die Zukunft. Diese unter dem Stichwort Customer Relationship Management (CRM) bekannte Neuausrichtung der Unternehmensziele und –prozesse wird daher im Weiteren eingehend behandelt. Neben Grundlagen des CRM werden insbesondere die zusätzlichen Möglichkeiten durch den Aufbau digitaler Kundenbeziehungen – auch als e-CRM bezeichnet – behandelt.

2.1 Vom produkt- zum kundenorientierten Unternehmen

Die Veränderung vom Verkäufermarkt zum Käufermarkt ist eng verbunden mit dem Wandel von der Produkt- zur Kundenorientierung.

Der ursprünglich bestehende Verkäufermarkt war durch Knappheit der zur Produktion erforderlichen Ressourcen gekennzeichnet. Im Zentrum des Interesses stand das Produkt und seine wirtschaftliche Herstellung, der Absatz stellte dagegen keinen Engpass dar. Die unternehmerische Aufgabenstellung konnte man als grundsätzlich gegeben annehmen. „Unterschiedlich war jedoch die Effizienz, mit der sie bearbeitet wurde. Viele Managementkonzepte waren deshalb auf Rationalisierung, Standardisierung, Bürokratisierung usw. ausgerichtet." (Müller-Stewens 1997a, S. 2) Dagegen war es nicht erforderlich, auf Kundenbedürfnisse abgestimmte Produkte zu entwickeln bzw. anzubieten.

Die Entwicklung zum Käufermarkt – bedingt durch die Globalisierung und einen intensiveren Wettbewerb – fordert von Unternehmen zunehmend eine Kundenorientierung, indem sie auf Kundenbedürfnisse eingehen und Kunden an sich binden.

Die unternehmerische Aufgabe kann daher nicht mehr als wohldefiniert betrachtet werden. Bei der rein ressourcenorientierten Produktion mussten lediglich die „Inputgrößen", deren Verfügbarkeit relativ gut planbar ist, bekannt sein. Dagegen entstehen

Kundenbedürfnisse jeden Tag neu und verändern sich häufig auch in ihren Inhalten. Auf diese schwer planbaren Veränderungen müssen Unternehmen entsprechend flexibel mit ihrem Angebot reagieren können. Dies wird aufgrund verschwimmender Branchen- und Ländergrenzen zusätzlich erschwert, da neue Wettbewerber dieselben Kunden erreichen möchten (Müller-Stewens 1997a, S. 2).

2.2   CRM – Grundlagen und Abgrenzung

Die Bereiche Marketing, Vertrieb und Service eines Unternehmens sehen sich in den letzten Jahren starken Veränderungen gegenüber. In allen Bereichen der Wirtschaft haben sich u.a. durch das Internet und die dadurch transparenter werdende Marktsituation die Anforderungen, die ein Kunde an sein Unternehmen stellt, verschärft.

Da man davon ausgehen muss, dass der Kunde sowohl die Marktsituation (z.B. Preise und Konditionen) als auch die Wettbewerbssituation der Unternehmen kennt, liegt es nun an den Unternehmen, auf diese Situation geeignet zu reagieren.

Die Unternehmen müssen dazu übergehen, ihre Kunden und deren Bedürfnisse zu verstehen. Der wichtigste Schritt dazu ist es, festzustellen, wer die Kunden eigentlich sind. Während kleine und mittlere Unternehmen, in denen der persönliche Kontakt zu Kunden noch im Mittelpunkt der Arbeit steht, damit weniger Probleme haben, sieht das bei großen und international tätigen Unternehmen anders aus. Diese haben unter Umständen Millionen von Kunden und das Potenzial an geeigneten Zielgruppen bzw. Zielpersonen ist nahezu unbegrenzt. In solch einer Situation ist es geradezu unmöglich, jeden Kunden persönlich zu kennen. Noch viel schwieriger ist es, die Bedürfnisse dieser Kunden zu erkennen.

In diesem Umfeld tauchen immer wieder die Begriffe „CAS – Computer Aided Selling", „SFA – Sales Force Automation", „CRM – Customer Relationship Management" etc. auf. All diese Begriffe beschreiben Ansätze der Vertriebsunterstützung. Sie sind z. T. redundant oder lösen sich gegenseitig ab, weil Themenstellungen erweitert werden mussten. So sind CAS und SFA Begriffe aus den 80er Jahren, die mittlerweile durch den Begriff CRM abgelöst wurden. Während es bei SFA und CAS in erster Linie darum ging, mit Hilfe der Informationstechnologie Kostenvorteile zu erzielen, indem Arbeitsabläufe effizienter gestaltet und unterstützt werden, geht der Ansatz des CRM oder des Relationship Marketing darüber hinaus.

2.2.1   CRM vs. Database Marketing

Die Begriffe Database Marketing und Customer Relationship Management werden oft synonym verwendet. Dies liegt u.a. daran, dass die IT-technischen Komponenten sich stark überschneiden. Kernstück beider Systeme ist eine zentrale Datenbasis, die alle erforderlichen Daten oder besser Informationen über die Kunden enthält.

Während Database Marketing im engeren Sinne eine „Methode zur systematischen und gezielten Marktbearbeitung auf Basis vorhandener Kundenprofile in strukturierten Datenbanken" ist (Schwetz 2000, S. 222), geht das Thema Customer Relationship Management über diesen Punkt hinaus, wobei es sich einzelner Instrumente des Database Marketing bedient. Im Vordergrund des Customer Relationship Management steht das Erkennen von Kundenbedürfnissen bzw. die Ausrichtung des Gesamtunternehmens auf den Kunden bzw. der Aufbau einer „Relationship" mit dem Kunden.

Im Laufe der Zeit kann ein Kunde gegenüber den Unternehmen mehrere Rollen einnehmen (Nichtkunde → Interessent → Kunde → gefährdeter Kunde).

Ziel des CRM ist es,

- diese Rollen zu definieren, zu erkennen und entsprechende Reaktions-Szenarien für den jeweiligen Fall zu entwerfen, und

- Marketing, Vertrieb und Service zu unterstützen, diese Szenarien umzusetzen.

Um diese Ziele zu erreichen, müssen entsprechende Voraussetzungen im Unternehmen geschaffen werden, die über die reine IT-seitige Unterstützung hinausgehen und vor allem in den Aufbau und die Abläufe des Unternehmens eingreifen.

2.2.2   Ausprägungsformen

2.2.2.1   Strategisches CRM

Die in Kapitel 2.1 erläuterte Entwicklung vom Verkäufer- zum Käufermarkt erzwingt in Unternehmen ein grundsätzliches Umdenken von der Produkt- zur Kundenorientierung. Dies mündet in eine strategische Neuausrichtung sämtlicher Aktivitäten in Marketing, Vertrieb und Service.

In diesem Sinne versteht sich das strategische CRM als Kanalisierung sämtlicher Marketingaktivitäten in Richtung Kunden. Es übernimmt damit eine zentrale Rolle im strategischen Marketing, dem die Aufgabe zukommt, unternehmensspezifische Erfolgspotenziale zu erschließen und zu entwickeln.

Es reicht dabei nicht aus, die meisten Aufgaben etwas effektiver auszuführen als die Mitbewerber. Michael Porter vertritt die Ansicht, dass Unternehmen keine Strategie im eigentlichen Sinne besitzen, wenn sie sich bemühen, gleiche Handlungen etwas besser auszuführen als ihre Wettbewerber (Porter 1996, S. 61 ff.). Diese weisen lediglich eine größere betriebliche Effektivität auf. Operative Exzellenz lässt sich jedoch keinesfalls mit einer soliden, fundierten Strategie gleichsetzen (Kotler 1999, S. 24).

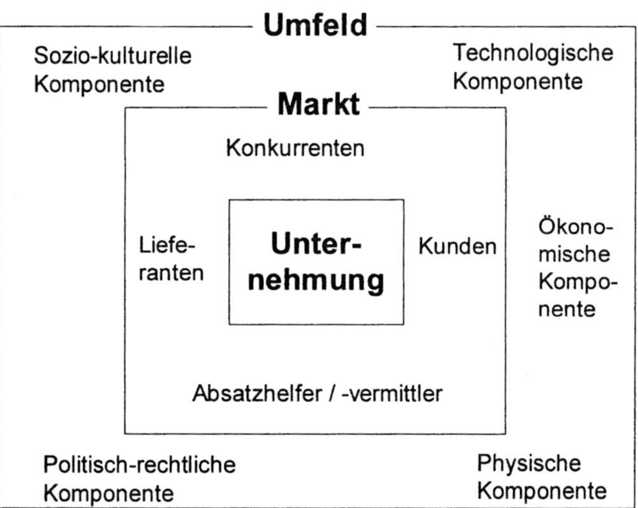

Abbildung 22: Gegenstandsbereiche der Situationsanalyse
(Hörschgen et al. 1993, S.23)

Vor diesem Hintergrund kann man strategisches Marketing als ein systematisches, ganzheitliches, interaktives, potenzialorientiertes und in der Regel längerfristig orientiertes Unternehmensführungskonzept charakterisieren, das sich mit den außerordentlich komplexen Beziehungs- und Wirkungszusammenhängen zwischen dem Unternehmen und seinem Markt bzw. seinem Umfeld auseinandersetzt (Abbildung 22).

Dieses Führungskonzept lässt sich als chronologisches, stufenweise aufbauendes Vorgehen interpretieren, in dessen Ablauf die Schritte

- Situationsanalyse,

- Zielplanung,

- Strategieplanung,

- Maßnahmenplanung und

- Kontrolle

durchlaufen werden (Hörschgen et al. 1993, S. 17 ff.).

Diese generelle Vorgehensweise sowie die Einbeziehung von Analyseergebnissen aus dem Umfeld des analytischen CRM (siehe Kapitel 2.2.2.2) bilden die Grundlage für die Entwicklung von erfolgreichen Strategien, welche geeignet sind, Unternehmen auch in schwierigen Zeiten optimal zu unterstützen.

Wie eingangs bereits hervorgehoben, erhalten auf Kunden ausgerichtete Planungen und Entscheidungen ein deutlich höheres Gewicht im strategischen Marketing als dies in der Vergangenheit der Fall war. Das strategische CRM übernimmt in diesem Kontext eine Schnittstellenfunktion in Bezug auf die Umsetzung strategischer Planungen im analytischen und operativen CRM, indem strategische Planungen mit Kundenbezug „übersetzt" werden.

2.2.2.2   Analytisches CRM

Eine der Herausforderungen des Customer Relationship Management ist die Integration und Bündelung aller kundenbezogenen Daten. Eine Vielzahl an Unternehmen, die sich selbst als kundenzentrisch bezeichnen, haben jedoch mit der Problemstellung zu kämpfen, dass Unmengen an kundenrelevanten Daten in den IT-Systemen gespeichert sind, diese Daten jedoch nicht ausreichend mit den zur Verfügung stehenden softwaretechnischen Mitteln analysiert werden. Um jedoch eine kundenzentrische Strategieausrichtung erfolgreich verfolgen zu können, ist es unabdingbar, ein ganzheitliches Bild von seinen Kunden zu besitzen. Eine kundenorientierte Ausrichtung der Unternehmensstrategie basiert auf Segmentierungen des Kundenbestands, Analysen über Kundenzufriedenheit, Kundenloyalität, Kundenprofitabilität und Kenntnissen über typische Lebenszyklen innerhalb der Kundenbasis.

Die diesen Analysen zugrunde liegenden Prozesse und Software-lösungen bezeichnet man als *analytisches CRM* im Gegensatz zu den als *operatives CRM* bezeichneten Systemen, die zur Kunden-interaktion (Kampagnenmanagement-Applikationen, Call Center, Webportale) und zur Erfassung der dabei anfallenden Daten ein-gesetzt werden. Gegenwärtig investieren Unternehmen schwer-punktmäßig in die beschriebenen operativen CRM-Systeme, ohne jedoch eine Strategie zu besitzen, wie sie mit den anfallenden Kundendaten über analytisches CRM zu erfolgskritischen Kun-deninformationen kommen können. Der Fokus auf operative CRM-Lösungen versetzt Unternehmen in die Lage, individuelle Dialoge mit den Kunden zu führen, vernachlässigt werden je-doch Informationen bezüglich der Kundenkontakthistorie, wie z.B. präferierte Kommunikationskanäle, Muster innerhalb der Kaufhistorie, Response-Verhalten der Kunden bei Marketing-Kampagnen etc.

Data Ware-house

Data Warehouse Lösungen stellen das Herzstück einer umfas-senden unternehmensweiten CRM-Landschaft dar und bilden die Ausgangsbasis für die beschriebenen Kundenanalysen. Data Warehousing strebt eine unternehmensweite Integration von Daten in einem einheitlich gestalteten System an. Ermöglicht wird dieser Anspruch über eine Struktur- und Formatvereinheit-lichung bei der Datenübernahme. Neben den unterschiedlichen Anforderungen, die an operative Datenbestände im Vergleich zu Analysedaten gestellt werden, waren technische Gründe für die Entwicklung von Data Warehouse Systemen verantwortlich, da sich die operativen Datenbestände in historisch gewachsenen und oft heterogenen Datenhaltungssystemen auf unterschied-lichsten Plattformen befanden. In der Regel war weder eine kon-sistente Datenhaltung, noch ein rascher Zugriff auf die verteilten, unterschiedlichen Daten möglich (Hummeltenberg 1998, S. 49).

OLAP

Die Transformation der abgespeicherten kundenrelevanten Daten in Informationen erfolgt in der Regel über Softwaretechnologien wie Online Analytical Processing (OLAP) und Data Mining. Unter OLAP versteht man eine Technologie, die es dem jeweiligen Anwender erlaubt, mittels eines interaktiven Zugriffs durch eine Vielzahl von Sichten und Darstellungsweisen auf die im Data Warehouse abgelegten Kundendaten schnell zuzugreifen. Über eine einfache und ergonomische Benutzerführung und Benut-zeroberfläche können kundenrelevante Daten aus verschiedenen Perspektiven und Verdichtungsebenen betrachtet werden. Bei OLAP-Analysen geht man eher "Top-Down" vor, d.h. man arbeitet sich von höheren Aggregationsebenen durch "Drill-Down" in detaillierte Bereiche vor, wobei jedoch in den Daten verborgene Tendenzen und Auffälligkeiten vielfach nicht entdeckt werden können.

Data Mining   Oft besitzt der Anwender zu Beginn der Analyse noch keine Vorstellungen darüber, welche Beziehungszusammenhänge in einem Datensatz existieren. Um jedoch Korrelationen und Zusammenhänge zwischen den vielen unterschiedlichen Variablen eines Kundendatensatzes erkennen zu können, welche über die OLAP-Analysen hinaus gehen, ist der Einsatz von Data Mining Verfahren notwendig. Die Extraktion von bisher unbekannten Mustern, Trends und Korrelationen bezeichnet man auch als Knowledge Discovery in Databases (KDD).

Die beschriebenen Ansätze Data Warehousing, OLAP und Data Mining stellen die dem analytischen CRM zugrunde liegenden Softwaretechnologien dar, um kundenrelevante Daten zusammenzuführen, zu strukturieren und zu analysieren. Die folgende Auflistung stellt einen Auszug kundenrelevanter Datenfelder dar, die zur Analyse und Bestimmung kundenspezifischer Kennzahlen herangezogen werden können (Gordon 1998, S. 205 ff.).

- Kundenidentifizierende Daten, z.B. Name, Kundennummer, Telefonnummer

- Demographische und sozioökonomische Daten, z.B. Alter, Adresse, Familienstand, Haushaltsinformationen, Gehalt, Bildungsstand, Konsumentenverhalten, Life Style Daten etc.

- Pre-Sales-Kommunikationsdaten, z.B. Kontakthistorie, vom Kunden präferierte Kommunikationskanäle, zum Erstkauf beitragende Kampagne bzw. Werbemittel/-träger etc.

- Kaufverhalten, z.B. Art und Anzahl der gekauften Produkte, Kaufdatum, Kauffrequenzen, Kaufsequenzen, Produkt-Rentabilität, präferierte Zahlungsmethoden etc.

- After-Sales-Kommunikationsdaten, z.B. in Anspruch genommene Garantie- und Serviceleistungen, Beschwerdehäufigkeit, Kundenzufriedenheit etc.

- Bonität des Kunden, z.B. Zahlungsverhalten, Credit Scoring etc.

Ein Großteil der aufgelisteten Daten entsteht bei der Kommunikation bzw. Interaktion zwischen Unternehmen und Kunden (siehe auch Datengewinnung durch operatives CRM) oder können bei Marktforschungsinstituten oder Adress-Brokern erworben werden (vor allem demographische und sozioökonomische Daten). Um die Aktualität und Qualität der Kundendaten sicherstellen zu können, werden jedoch extrem hohe Anforderungen an die Pflege dieser Daten gestellt. In der Praxis trifft man in der Regel auf unzureichend aktualisierte oder gar fehlende Datenfelder. Die Ursache liegt jedoch vielfach nicht an den unzureichenden IT-Ressourcen, sondern oftmals an organisatorischen Unzulänglichkeiten. Die aus den aufgelisteten Kundendaten abzuleitenden kundenspezifischen Kennzahlen stellen die Entscheidungsgrundlage für eine Vielzahl an strategischen Entscheidungen dar. Im Folgenden sind einige analytische Fragestellungen aufgelistet, die unter Anwendung von Data Mining ermittelt werden können.

- *Kunden-Profiling*: In der Regel finden hier Clusteranalysen ihren Einsatz, um aus einer in der Regel heterogenen Kundenbasis homogene Kunden-Mikrosegmente zu extrahieren mit weitgehend übereinstimmenden Eigenschafts- bzw. Merkmalsstrukturen.

- *Kundenbedürfnisanalysen* (Cross-Selling/Up-Selling): Basierend auf dem Kunden-Profiling sind für alle Kunden innerhalb der Kunden-Mikrosegmente Kaufwahrscheinlichkeiten zu berechnen, um den Kunden die Produkte anbieten zu können, die sie mit der größten Wahrscheinlichkeit kaufen werden.

- *Abwanderungswahrscheinlichkeiten*: Neben der Bestimmung von Kaufwahrscheinlichkeiten nimmt auch die Berechnung des Grades der Kundenbindung einen wichtigen Stellenwert ein. Im Sinne eines Frühwarnsystems sollen abwanderungsverdächtige Merkmale eine mögliche Abwanderung eines Kunden signalisieren.

- *Customer Lifetime Value*: Der Customer Lifetime Value stellt einen wertorientierten Steuerungsansatz dar, der es ermöglicht neben einer retrospektiven Bestimmung der Profitabilität der Kunden dies auch prospektiv durchzuführen. Dabei orientiert man sich nicht nur an dem kurzfristigen, in einer Periode mit einem Kunden erzielbaren Erfolg, sondern an dem langfristigen Wert der Kundenbeziehung mit all seinen Ein- und Auszahlungsströmen. Berechnet wird der Customer Lifetime Value durch Aufsummierung aller zu erwartenden Erträge eines einzelnen Kunden, bereinigt um die dem Kunden direkt zuordenbaren Kosten, abgezinst auf den aktuellen Wert.

In Kapitel 3.1.2 werden die verschiedenen Fragestellungen des analytischen CRM noch detaillierter erörtert und beschrieben.

2.2.2.3   Operatives CRM

Dem operativen CRM kommt die Aufgabe zu, Marketing, Vertrieb und Service zu automatisieren und damit die Vorgaben des strategischen CRM effizient umzusetzen. In Abhängigkeit von der Art der Kundenkontaktschnittstelle übernimmt der Mitarbeiter eine wesentliche Rolle beim Aufbau und Erhalt der Kundenbeziehung. Während der Mitarbeiter aus Kundensicht bei der Interaktion über das Internet nur mittelbar in Erscheinung tritt, kommt ihm im direkten Kundenkontakt (z.B. persönliches Gespräch, Call Center) eine Schlüsselfunktion zu. Es lassen sich folgende Interaktionsformen unterscheiden:

- *Direkte Interaktion*, wie z.B. persönliche Gespräche mit Außendienst- oder Filialmitarbeitern, Inbound- und Outbound-Calls.

- *Indirekte Interaktion*, wie z.B. Nutzung des Online-Kommunikationskanals.

Dabei übernehmen Informationstechnologien eine Enabler-Funktion zur Unterstützung der Mitarbeiter bzw. Automatisierung einzelner Aufgaben. Diese erstreckt sich von einer teilweisen Unterstützung von Routine-Tätigkeiten in Marketing, Service und Vertrieb bis hin zur vollständigen Abwicklung kundengerichteter Workflows im Internet (z.B. personalisierte Web-Anwendungen, Selbstberatungsmodule).

Operative CRM-Systeme unterstützen den Mitarbeiter u.a. bei folgenden Aufgaben (angelehnt an Hippner et al. 2001b, S. 25):

- Terminplanung und automatische Wiedervorlage,

- Besuchs- und Gesprächsberichtserfassung,

- Unterstützung bei der Angebotserstellung und

- Kundendatenverwaltung.

Im Rahmen der unterstützenden Funktion bietet die Informationstechnologie Möglichkeiten zur Synchronisation von Aufgaben und Prozessen im Sinne des Workflow-Managements (siehe Kapitel 3.4.1). Dies gewährleistet eine einheitliche und in sich konsistente Kundenansprache („one face to the customer").

Einen zentralen Baustein des operativen CRM stellt das Kampagnenmanagement dar, dem die Aufgabe zukommt, Multichannel-Kampagnen zu planen, durchzuführen und zu bewerten (siehe Kapitel 3.1.3).

2.2.3   Voraussetzungen für erfolgreiches CRM

2.2.3.1   Abkehr vom transaktionsorientierten Marketing

Für erfolgreiches CRM ist jedoch nicht nur IT-seitige Unterstützung notwendig. Im Gegenteil, CRM bedeutet vielmehr die konsequente Ausrichtung des Unternehmens auf den Kunden. D.h. weg vom transaktionsorientierten Marketing, das mit dem Vertragsabschluss eines Produktes oder Dienstleistung den Vorgang als beendet betrachtet, hin zu einem Marketing-Ansatz, der dies erst als Beginn einer Kundenbeziehung bezeichnet (Mogicato 2000, S. 18). Bereits Anfang der 90er Jahre stellte Kotler fest, dass die Sicherung des Kundenstammes der Schlüssel zum Erfolg ist und prophezeite die Ablösung des transaktionsorientierten Marketing durch das Relationship Marketing (Kotler 1991, S. 11 ff.).

	Transaktions-Marketing	Relationship-Marketing
Ziel	• „To make a sale", Verkauf (als Abschluss der Kundenbeziehung und Erfolgskriterium) • Bedürfnisbefriedigung (Kunde kauft Werte)	• „To create a customer", Gewinn eines Kunden (Verkauf als Beginn einer andauernden Beziehung) • Kundenintegration (Interaktive Wertgewinnung)
Kunden-verständnis	• Anonymer Kunde • Unabhängigkeit von Verkäufer und Käufer	• Kenntnis individueller Kunden • Interdependenz von Verkäufer und Käufer
Marketers Aufgabe und Erfolgskriterium	• Bewertung auf der Basis von Produkten und Preisen • Fokus auf Neukundengewinnung	• Bewertung auf Basis Problemlösungskompetenz • Fokus auf Wertsteigerung in bestehenden Beziehungen
Kernaspekte des Austausches	• Fokus auf Produkt (Mass Production) • Verkauf als Eroberung • Kundenkontakte als episodische Ereignisse	• Fokus auf Service (Mass Customization) • Kauf als Vereinbarung • Kundenkontakt als kontinuierlicher Prozess

Abbildung 23: Beziehungsmarketing: Konzepte und Konsequenzen (Wehrli et al. 1994, S.12)

2.2.3.2   Neuausrichtung von Unternehmensprozessen

Wesentlicher Bestandteil der CRM-Strategie ist die Neuausrichtung der Unternehmensprozesse in den Bereichen

- Produktpolitik

- Preispolitik

- Distributionspolitik

- Kommunikationspolitik

an den Bedürfnissen der Kunden bzw. der Interessenten. Bei dieser kundenzentrischen Ausrichtung ist darauf zu achten, dass sich der Kunde in einem Umfeld bewegt, das durch marktliche, gesetzliche und sonstige Einflüsse geprägt ist, welche bei dieser Neuausrichtung berücksichtigt werden müssen.

Dies ist zuallererst eine große fachliche Herausforderung an die entsprechenden Organisationseinheiten eines Unternehmens. Die Daten- oder Informationsverarbeitung, die in dieser Hinsicht in den letzen Jahren z.B. auf dem Sektor des Knowledge Managements große Fortschritte gemacht hat, ist lediglich Mittel zum Zweck oder um es konstruktiver zu formulieren: Die Daten- oder besser die Informations- bzw. Wissensverarbeitung ist lediglich „Dienstleister" im CRM-Umfeld.

Diese Neuausrichtung der Unternehmen ist nicht einfach, aber notwendig und auch möglich. Wenn man davon ausgeht, dass in den letzten Jahrzehnten in den Unternehmen auch nicht alles falsch gemacht worden ist, (sonst würden sie ja nicht mehr existieren) gilt es „nur", sich den geänderten Anforderungen des Marktes und damit letztendlich den gestiegenen Anforderungen der Kunden zu stellen.

Produktpolitik Die Transparenz der Kundenbeziehungen durch CRM sowie die Transparenz des Marktes, z.B. durch das Internet, ermöglicht es den Unternehmen mehr denn je, die Produktpalette speziell auf einzelne Kunden bzw. kleine Kundensegmente hin auszurichten. Neben den Faktoren, die im Rahmen der Produktpolitik üblicherweise angegangen werden, wie Produktqualität, Verpackung oder indirekte Leistungen wie Garantiedauer, Garantieumfang und Kundendienst, können nun auch direkt ganze Produkte auf den Prüfstand gebracht werden. Hierbei gilt es neben der Neukonzeption / -entwicklung von Produkten auch das bestehende Produktportfolio auf die Bedürfnisse des Kunden zu untersuchen und ggf. bestehende erfolgreiche Produkte weiter anzubieten, sie unter Umständen zu optimieren aber auch darum, unrentable oder nicht mehr benötigte Produkte aus dem Angebot zu nehmen. Bei dem innovativen Aspekt der Produktentwicklung kommt hier den Unternehmen natürlich der Aspekt der leichten Kopierbarkeit von Markt- und Produktideen entgegen. Durch geeignete Infrastrukturen sind z.B. Banken heute in der Lage, neue Produkte binnen Wochen- oder Monatsfrist erfolgreich auf den Markt zu bringen. Man sollte hier jedoch zwischen schnellen Maßnahmen und langfristigen Strategien unterscheiden. Langfristig angelegte Strategien zielen darauf, in den Markt zu investieren und z.B. Produkte auf den Markt zu bringen, die erst in Monaten und Jahren den entscheidenden Wettbewerbsvorteil bringen. Hierzu gehören neue Produkte bzw. Produktideen, die z.B. über das bestehende Marktsegment hinausgehen, wie die Gründung von Allfinanzkonzernen und dem sich daraus neu bildenden Produktangebot. Dem gegenüber steht die reine Kopie bzw. Modifikation einer Markt- oder Produktidee. Das Problem ist hier, dass man nicht der Meinungsbildner ist, sondern nur auf einen „fahrenden Zug aufspringt" und danach dem Markt überlassen ist. Wenn es einem hier nicht gelingt, die Marktführerschaft zu erlangen oder sein Angebot zu erweitern, besteht die Gefahr bei der nächsten Konjunkturschwankung in existenzielle Gefahr zu geraten. Ein Beispiel hierfür sind die in den letzten Jahren entstandenen reinen Wertpapierbroker, denen die derzeitige Schwäche des Aktienmarktes und die damit einhergehenden geringen Umsätze schwer zusetzen.

Preispolitik „Alles hat seinen Preis, aber nicht alles kostet überall gleich viel." Unter diesem Motto könnte man verstehen, dass man Mehrkosten aber auch Kosteneinsparung auf verschiedene Weise auf einzelne Produkte verrechnen kann. Hierbei stehen einem verschiedene preispolitische Instrumente, wie Rabatt- bzw. Zugabenpolitik (kaufe 2 Teile und erhalte 1 Teil zusätzlich) sowie die individuelle Gestaltung der Liefer- und Zahlungsbedingungen, offen.

Am Beispiel der Entwicklung eines Online-Vertriebskanals lässt sich jedoch auch noch eine andere Möglichkeit aufzeigen.

Tatsache ist, dass die Verlagerung von Tätigkeiten des Beratungs- und Servicepersonals auf den Nutzer von Online-Vertriebskanälen große Einsparungen auf der Transaktionsseite für die Unternehmen mit sich bringen. Gleichzeitig stehen diesen Einsparungen aber Investitionen in Millionenhöhe gegenüber. Den in der Vergangenheit sehr euphorischen jedoch in der letzten

Zeit moderateren Wachstumspotenzialzahlen bezüglich der Internetnutzung steht bei der Inbetriebnahme des Online-Vertriebsweges eine eher geringe Anzahl von Kunden gegenüber. Die angefallenen Kosten nun auf diese anfangs geringe Anzahl von Kunden zu verrechnen, würde gleichzeitig bedeuten, auch noch diese Kunden zu verlieren und die Investition komplett abschreiben zu müssen. Also müssen hier andere Ansätze gewählt werden.

In das neue Preismodell müssen die Belange von mehreren Beteiligten einfließen. Zum einen die des Controllings und der Kostenrechnung bzw. Buchhaltung, die natürlich alle Kosten buchungs- und abschreibungstechnisch zugeordnet haben möchte. Zum anderen müssen aber auch die zu dem neuen Online-Vertriebsweg im Wettbewerb stehenden klassischen Vertriebswege berücksichtigt werden. Diese haben durch den neuen Vertriebskanal und der sich dadurch ergebenden zusätzlichen Attraktivität des Vertriebsnetzes die Möglichkeit, neue Kunden zu gewinnen, sowie die Chance, bestehende Kundenbeziehungen zu festigen oder gar auszubauen. Andererseits ist aber auch der Aspekt des „internen Wettbewerbs" zu berücksichtigen, mit dem sich die klassischen Vertriebswege gegenüber dem neuen Vertriebsweg konfrontiert sehen. Nicht zuletzt will aber auch der Kunde einen Nutzen davon haben, dass er nun bisherige Arbeiten des Beratungs- bzw. Servicepersonals übernimmt und sich dafür auch noch die entsprechende Hard- und Softwareausstattung zulegen muss. Hier erwartet der Kunde eine gegenüber dem stationären Vertrieb angepasste Bepreisung der Produkte und zwar nicht erst dann, wenn sich alle Investitionen amortisiert haben, sondern von Beginn an.

Hier gilt es, einen langfristigen Konsens zwischen allen Beteiligten zu finden, um auch künftig große und für alle nützliche Vorhaben finanzieren zu können.

Distributions-politik

Genauso wichtig wie die Entscheidung für ein Produkt ist die Entscheidung, auf welchem Vertriebskanal ein Unternehmen dieses Produkt anbieten will.

Bei den heutigen Kunden handelt es sich um sogenannte *hybride Käufer* (Vernin, 1996, S.24), die nicht mehr so klar segmentierbar sind wie früher. Die heutigen Kunden nutzen nicht nur mehrere Vertriebskanäle eines Unternehmens, sie nutzen ebenso das gesamte Spektrum des Marktes, d.h. mehrere Unternehmen gleichzeitig, um ihre Bedürfnisse zu befriedigen.

Vor diesem Hintergrund muss sich das einzelne Unternehmen folgende Fragen stellen:

- Welche Vertriebskanäle biete ich meinen Kunden an, wobei sich bei den Online-Vertriebskanälen nicht mehr die Frage stellt „kann ich mir diese Vertriebskanal leisten?", sondern „kann ich es mir leisten, diesen Vertriebskanal nicht anzubieten?".

- Welche Produkte biete ich über welche Vertriebskanäle an?

- Wie müssen diese Vertriebskanäle oder auch die Verkaufspunkte aufgebaut bzw. ausgestattet sein?

Unstrittig ist, dass heute am Markt operierende Unternehmen über eine Online-Plattform verfügen müssen. Ob sie jedoch einzelne oder gar alle Produkte auch über diesen Weg verkaufen können, hängt stark von der Komplexität der Produkte ab. Während sich Bücher, CD's oder Flugtickets noch relativ einfach über den Online-Vetriebsweg verkaufen lassen, tun sich Anbieter bzw. Käufer von Häusern, Flugzeugen oder Fertigungsanlagen etc. wesentlich schwerer mit der Entscheidung, hierfür das Internet als Vertriebsplattform zu nutzen. D.h. nicht alle Produkte sind für alle Vertriebswege geeignet, und die Unternehmen müssen den Mehrwert jedes einzelnen Vertriebskanals für sich und ihre Kunden bewerten.

Unabhängig davon, wie innovativ, einladend und hilfreich die Vielzahl von Verkaufspunkten oder auch Vertriebskanälen eines Unternehmens aufgebaut sind, entscheidend ist die Vernetzung dieser Punkte miteinander. Für die Glaubwürdigkeit des Unternehmens ist es entscheidend zu wissen,

- über welche Kanäle und

- bezüglich welcher Produkte

der Kunde Kontakt aufgenommen hat. Ebenso wichtig ist, dass die dabei erteilten Informationen oder Angebote nicht voneinander abweichen. So ist es schwer vermittelbar, dass Angebote, die am gleichen Tag über verschiedene Vertriebskanäle erstellt wurden, voneinander abweichen (es sei denn, man hat über den Online-Kanal bewusst Kostenvorteile weitergegeben). Voraussetzung hierfür ist eine entsprechende Synchronisation über alle Vertriebswege hinweg, bei der im Sinne einer vernetzten Anwendung (siehe Kapitel 3.3: Enterprise Application Integration (EAI)) alle Vertriebskanäle auf eine gemeinsame *Funktionsschicht* zugreifen.

Kommunikationspolitik

Generell sollte man hier zwischen der internen und der externen Kommunikation unterscheiden. Hier geht es darum, sowohl dem Kunden als auch dem einzelnen Mitarbeiter Einblick in das Unternehmen bzw. den Stand einer Kundenbeziehung zu gewähren. Während bei der internen Betrachtung der Status der Kundenbeziehung oder das Vorhandensein einer Verkaufschance an die entsprechenden Entscheidungsträger kommuniziert werden soll, ist es Aufgabe der externen Kommunikation, den Kunden über das Unternehmen, seine bereitgestellte Vertriebskanäle sowie sein Leistungsangebot zu informieren.

Darüber hinaus sollte dieser Kommunikationsweg dem Kunden Auskunft geben über den derzeitigen Stand der bestehenden Kundenbeziehung. Dies beinhaltet neben der vergangenheitsbezogenen Betrachtung ebenso die künftig geplanten Aktivitäten bzw. die Statusinformation über derzeit laufende Aktivitäten.

Auch wenn das Internet zunehmend bedeutsamer für Kommunikationsaufgaben geworden ist und werden wird, stellen die Mitarbeiter die zentrale Schnittstelle zum Kunden dar. Die effiziente und effektive Erfüllung dieser Kommunikationsaufgabe setzt einen grundlegenden Wandel im Sinne eines Change Management der Aufbau- und Ablauforganisation voraus. Zu nennen wären hier beispielsweise die Ausstattung mit Freiräumen und Entscheidungskompetenzen. Die Unternehmenskultur sollte darauf ausgerichtet sein, über zufriedene Mitarbeiter entsprechend zufriedene, loyale und dadurch langfristig ertragbringende Kunden aufzubauen. Die Beurteilung dieser erfolgsrelevanten Kriterien kann beispielsweise mit Hilfe einer CRM-Scorecard erfolgen (siehe dazu 2.2.3.3).

Externe Kommunikation

Unter externer Kommunikation ist die Kommunikation des Unternehmens mit dem Kunden zu verstehen.

Zum einen ist darunter die allgemeine Darstellung des Unternehmens bzw. dessen Produkte und Dienstleistungen in der Öffentlichkeit zu verstehen. Dies geschieht entweder über die klassischen Kommunikationsinstrumente Mediawerbung, Promotions, Public Relations, Sponsoring und Event-Marketing, Messen und Mailings. Hinzu kommt die Informationsbereitstellung im Internet, z.B. in Form von Websites, Bannerwerbung, Web-Sponsoring und Web-Events, Communities, Diskussionsforen und Einträgen in Suchmaschinen.

Zum anderen handelt es sich um die Öffnung des Unternehmens gegenüber dem Kunden, d.h. inwieweit gestattet es ein Unternehmen dem Kunden, Einsicht in die für ihn relevanten Unternehmensprozesse zu nehmen. Bei der Betrachtung der Kundenbeziehung durch den Kunden sind z.B. die Bestellungen oder Beschwerden etc. nicht nur einfach anzuzeigen, sondern im Gesamtzusammenhang darzustellen. Hierfür ist es notwendig, nicht nur darüber zu informieren, dass z.B. gerade ein Bestellprozess durchlaufen wird, sondern es soll dem Kunden die Möglichkeit eingeräumt werden, die gesamte Prozesskette einzusehen. Diese Visualisierung der gesamten Prozesskette ermöglicht es dem Kunden, Einflussfaktoren auf den Gesamtprozess zu erkennen und zu bewerten. Er erkennt beispielsweise, wo sich seine Bestellung gerade befindet, welche Prozessschritte bis zur Bereitstellung noch durchlaufen werden müssen und wie sich z.B. die Veränderung von Einzelprozessen auf die Gesamtbereitstellungszeit auswirken. Hier bieten sich speziell für den Kunden definierte Ausschnitte (Views) auf bestehende SCM-Systeme (Supply-Chain-Management) an. Diese Sichten auf aktuelle Bestellungen, die natürlich zum Teil auch schon künftige Ereignisse (Lieferzeitpunkte) beinhalten, können um Informationen ergänzt werden, die sich auf geplante Aktionen (z.B. 12-Monats-Sicht) des Unternehmens mit dem Kunden beziehen.

Neben dieser zeitbezogenen Sichtweise (Vergangenheit, Gegenwart, Zukunft) auf die Geschäftsbeziehung ist hier auch die Art der Kommunikation zu betrachten. Hier sind sowohl „pull"- als auch „push"- Varianten möglich. D.h. neben dem üblichen Weg, dass ein Kunde sich die relevanten Informationen beim Unternehmen z.B. über das Internet oder durch den Besuch einer Geschäftsstelle beschafft, besteht natürlich auch die Möglichkeit für das Unternehmen, diese Informationen aktiv z.B. über E-Mail an den Kunden bringen. Beispiel ist hier einmal mehr das Unternehmen amazon.de, welches den Kunden per E-Mail laufend über den aktuellen Stand der Buchbestellung informiert (Bestellungseingang, Versand, Rückstellungen etc.). In jedem Fall sollte die Ansprache personalisiert sein, d.h. sowohl terminlich als auch inhaltlich auf die Bedürfnisse des einzelnen Kunden abgestimmt.

Interne Kommunikation

Die Transparenz der Kundenanforderungen an das Unternehmen aber auch der eigenen Leistungsfähigkeit sind für Unternehmen entscheidende Faktoren bei der Kundenbindung sowie der Kundenneugewinnung. In Anlehnung an das von Kaplan/Norton beschriebene Thema *Balanced Scorecard* (Kaplan et al. 1997) bietet sich z.B. die Anlage einer CRM-Scorecard an. Ausgehend von der dort getroffenen Annahme, dass es nicht genügt, ein Unternehmen nur mit einer Kenngröße, wie z.B. dem in der Regel vergangenheitsbezogenen Thema *Finanzen*, zu steuern, benötigt man im Kundenbeziehungsmanagement ebenfalls mehrere Steuerungsgrößen.

Bernet et al. (1998) gehen davon aus, dass die Faktoren Kundenzufriedenheit, Bankloyalität und Kundenwertmanagement Basisbausteine des modernen Relationship Banking sein können (siehe auch Kapitel 2.2.3.3):

- *Kundenzufriedenheit*: Diese definiert sich unter Einbeziehung der Bestimmungsfaktoren Image, Reaktionsbereitschaft, Zuverlässigkeit, „convenience" und Produkteigenschaften als der subjektive Vergleich zwischen erwartetem und tatsächlichen Nutzen.

- *Bankloyalität*: Hier geht es um den Auf- und Ausbau stabiler Kundenloyalität, die sich durch die wiederholte Beanspruchung von Dienstleistungen niederschlägt.

- *Kundenwertmanagement*: Ziel ist eine konsequente Ertragsorientierung der Kundenbeziehung.

Verknüpft man die Ansätze von Bernet et al. und Kaplan/Norton, so lässt sich für ein Unternehmen eine Teilansicht einer Balanced Scorecard mit Focus auf das Thema Customer Relationship Management erstellen.

2.2.3.3   CRM-Scorecard als internes Kommunikationsmedium

Es gibt mehrere Faktoren beim Aufbau einer Scorecard, die entscheidend für deren Erfolg sind.

Einer der wichtigsten Punkte ist die individuelle Ermittlung der für das einzelne Unternehmen ausschlaggebenden Kenngrößen. Diese Kenngrößen gilt es zu definieren und zu gewichten.

Ein weiterer Punkt ist die Qualität der vorhandenen Daten bzw. das Spektrum der bereitstehenden Daten, denn das detaillierteste Rechenmodell z.B. bei der Kundenwertanalyse nützt nichts, wenn nur ein Bruchteil der benötigten Daten vorhanden bzw. von den vorhandenen Daten wiederum nur wenige Daten korrekt sind.

Soll jedoch das Scorecard-Modell nicht nur eine schöne Grafik sein, sondern auch dem Unternehmen den erwarteten Nutzen bringen, ist ein weiterer Faktor zu berücksichtigen. Neben der Definition der richtigen Kenngrößen ist vor allem die Transparenz dieser Kenngrößen entscheidend. Jeder Mitarbeiter im Unternehmen muss sich über die Zusammensetzung des Modells und den enthaltenen Faktoren im klaren sein. Nur so ist er in der Lage, seinen persönlichen Anteil am Gesamterfolg dieses Modells zu erkennen. Er muss wissen, mit welchen Tätigkeiten er dieses Modell positiv beeinflussen kann bzw. mit welchen Tätigkeiten er es negativ beeinflusst.

In Anlehnung an die zuvor bereits genannten Kenngrößen nach Bernet, wie Kundenzufriedenheit, (Bank-) oder Kundenloyalität und Kundenwertmanagement, müssen diese Kennzahleneinheiten näher definiert werden. Im Einzelfall bedarf es dazu einer Gewichtung der Kenngrößen bzw. einzelner Komponenten dieser Kenngrößen, um Scorewerte zu erhalten, die die unternehmensspezifischen Zielsetzungen berücksichtigen.

Im Folgenden wird davon abgesehen, exakte Kennzahlen zu definieren, da diese Angaben nur eine Scheingenauigkeit vortäuschen würden. Die nun folgenden Definitionen sind lediglich Rahmenangaben, die als Grundlage dienen können, aber von Unternehmen zu Unternehmen unterschiedlich analysiert, definiert und bewertet werden können. Eine Sonderrolle bei den Bewertungsfaktoren nimmt die Mitarbeiterzufriedenheit ein. Sie beeinflusst sämtliche Kenngrößen, da nur zufriedene Mitarbeiter in der Lage sind, dauerhafte und ertragreiche Kundenbeziehungen auf- und auszubauen.

Kundenzufriedenheit

Es gibt verschiedene Signale des Kunden, an denen sich seine Zufriedenheit mit dem Unternehmen erkennen lässt. Das Spektrum reicht hier von offener Ablehnung des Kunden (z.B. bei rechtlichen oder öffentlichen Auseinandersetzungen) über die Neutralität des Kunden zum Unternehmen bis hin zum öffentlichen Bekenntnis des Kunden zu einem Unternehmen, dass sogar soweit gehen kann, dass der Kunde bereit ist, das entsprechende Firmenlogo sich eintätowieren zu lassen (z.B. bei einigen Motorradfahrern der Marke Harley Davidson).

Eine große Herausforderung dieses Themas ist neben der Definition der heranzuziehende Parameter in erster Linie die Gewichtung der „weichen Daten". Hinzu kommt die Bewertung der anzunehmenden „Dunkelziffer" bzgl. der Kundenzufriedenheit. Die Grundaussage des bekannten schwäbischen Spruches „nichts gesagt ist genug gelobt" kann von Bundesland zu Bundesland jedoch unterschiedlich interpretiert werden. Ziel muss es deshalb sein, möglichst „harte" Kenngrößen zu finden, die eine eindeutige Analyse zulassen. Obwohl auch Faktoren, wie Image und Zuverlässigkeit des Produktes bzw. des Unternehmens sowie Produkteigenschaften, in die Bewertung mit einfließen können oder sollen, stehen den Unternehmen auch objektivere Indikatoren für die Kundenzufriedenheit zur Verfügung. Zuallererst sollten die konkret vorliegenden Beschwerde- und Zufriedenheitsäußerungen, Schadensfälle oder sonstige vom Kunden negativ empfundene Sachverhalte (Ausfall des SB-Geräts, durchgeführte Stornierungen etc.) gesammelt und bewertet werden. Darüber hinaus kann aber auch hier, ähnlich wie bei der nachfolgend beschriebenen Bewertung der Kundenloyalität, die erneute Nutzung bzw. der Kauf des gleichen oder eines ähnlichen Produktes in die Bewertung einfließen.

Kundenloyalität

In engem Zusammenhang mit der Kundenzufriedenheit steht das Ziel, Kundenloyalität zu erreichen und damit letztlich Kunden an das Unternehmen zu binden.

Dabei umfasst Kundenbindung sämtliche Maßnahmen, „die darauf abzielen, sowohl die bisherigen Verhaltensweisen als auch die zukünftigen Verhaltensabsichten eines Kunden gegenüber einem Anbieter oder dessen Leistung positiv zu gestalten, um die Beziehung zu diesem Kunden für die Zukunft zu stabilisieren bzw. auszuweiten." (Homburg et al. 1999a, S. 8)

Damit lassen sich zwei Dimensionen der Kundenbindung unterscheiden (Homburg et al. 1999b, S. 89):

- Das *bisherige Verhalten* beinhaltet das bisherige Kauf- und Weiterempfehlungsverhalten.

- Der *Verhaltensabsicht* wird dagegen die zukünftige Wiederkauf-, Zusatzkauf- und Weiterempfehlungsabsicht eines Kunden zugeordnet.

Das Erreichen von Kundenbindung setzt damit neben der Kundenzufriedenheit auch die Entwicklung von Kundenloyalität voraus (Abbildung 24).

Die Messung von Kundenbindung und -loyalität erfolgt üblicherweise mithilfe sog. Operationalisierungsgrößen, wie z.B.:

- Dauer der Kundenbeziehung,

- der Zeitraum seit dem letzten Kauf,

- Intensität der Kundenbeziehung,

- Art der Produktnutzung (Ein- oder Mehrproduktnutzung) oder

- preissensitive Produktnutzung („Schnäppchenjäger").

Kritisiert wird an diesen Größen, dass sie keinen zuverlässigen Rückschluss auf die Bindung eines Kunden zulassen, da das Wiederkaufverhalten auch rein zufällig sein kann. Es werden daher Ansätze diskutiert, die psychologische und situative Faktoren berücksichtigen. Aufgrund erhebungstechnischer und messtheoretischer Probleme ist allerdings zwischen der grundsätzlichen Eignung und Praktikabilität der Ansätze abzuwägen. An dieser Stelle sei daher auf die einschlägige Literatur verwiesen (z.B. Homburg et al 1999a, Homburg et al. 1999b, Peter 1997).

Abbildung 24: Wirkungskette der Kundenbindung (Homburg et al. 1999a, S. 10)

Kundenwertmanagement

Nicht alle Kunden sind gleich. Manche Kunden sind „wertvoller" als andere. Während die einen höchst rentabel sind, wird mit den anderen kaum Geld verdient; mitunter werden mit 20 % der Kunden 80 % des Deckungsbeitrages erreicht. Warum also sollte man alle Kunden gleich behandeln? Die Zukunft des Marketing liegt in einer differenzierten Kundenbearbeitung. Die Ermittlung des Kundenwertes wird dabei zu einem zentralen Erfolgsfaktor. Die Kunst besteht darin, auf der Basis vorhandener Daten erfolgversprechende Kunden aufzuspüren und diese Kunden mit den geeigneten Maßnahmen des Marketing individuell anzusprechen. Es gilt also, den „Wert" zu messen, den der einzelne Kunde für das Unternehmen hat, um den angemessenen Aufwand an Marketinginvestitionen in diesen Kunden bestimmen zu können.

Zielsetzung   Ziel des Kundenwertmanagement ist es, dem Marketingentscheider eine solide Aussage über den Wert des Kunden bzw. der Kundenbeziehung zu liefern. Darauf aufbauend können Aktivitäten im Rahmen einer schon existierenden Kundenbeziehung sowie die Bemühungen um einen Neukunden in Bezug auf ihre Rentabilität besser eingeschätzt werden. Im Vordergrund des beratungsintensiven Engagements stehen verstärkt Kundenbeziehungen mit hohem „Kundenwert". Im Gegenzug ist bei Kundenbeziehungen mit sehr geringem „Kundenwert" über die Einstellung einer aktiven Kundenansprache nachzudenken.

Loyalitäts-konzept

In Wissenschaft und Praxis sind eine Reihe von Konzepten entwickelt worden, um den Wert bzw. die Investitionswürdigkeit eines Kunden für das Unternehmen zu bestimmen (Link et al. 1993, S. 46f.). Die wichtigsten Ansätze sollen im Folgenden kurz vorgestellt werden, wobei ihre Eignung jeweils stark von unternehmensspezifischen Gegebenheiten abhängt und das Erarbeiten einer individuellen, auf die Rahmenbedingungen des einzelnen Unternehmens zugeschnittenen Vorgehensweise nicht ersetzen kann.

Die Zielsetzung des CRM ist es, eine langfristige und erfolgreiche Beziehung mit dem Kunden anzustreben. Die Kunden sollen auf eine immer höhere Stufe der „Loyalität" befördert werden. Dies geschieht durch intensive Cross-Selling-Aktivitäten und gut organisiertes Kundenbeziehungsmanagement. Die einzelnen Maßnahmen können teilweise sehr unterschiedlich sein, wobei das Investitionsrisiko in jedem Fall mit zunehmender Kundenloyalität sinkt.

Abbildung 25: Stufen der Loyalitätsleiter (Kreutzer 1990, S. 106)

Monetäre Bewertungsverfahren

Ein mögliches Verfahren zur Ermittlung des „Kundenwerts" ist die *Kundenumsatzanalyse*, sie dient insbesondere einer differenzierten Bewertung der Stammkunden. Die einzelnen Kunden werden anhand der mit ihnen in einer Periode getätigten Umsätze bewertet. Meist folgt eine Aufteilung in drei Bearbeitungssegmente (auch ABC-Analyse genannt), je nach Umsatzhöhe. Da der Umsatz allein jedoch keine Aussagen über die Rentabilität eines Kunden ermöglicht, reicht die Kundenumsatzanalyse als Instrument zur Kundenbewertung nicht aus, solange die Kostenseite nicht mit berücksichtigt wird.

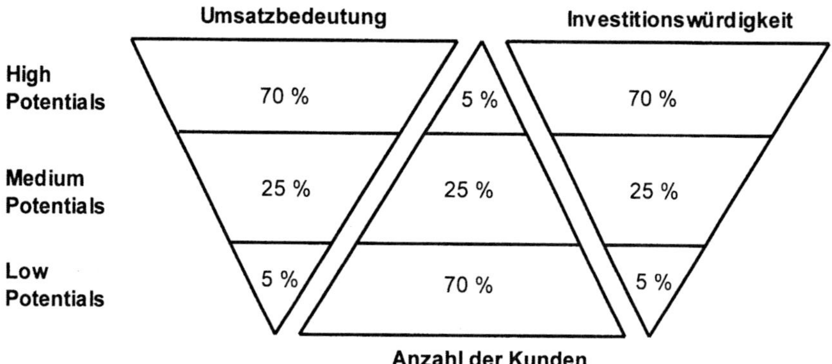

Abbildung 26: Kundenbedeutung und Marketinginvestitionen (in Anlehnung an Shaw 1991, S. 103)

Mit Hilfe der *Kundendeckungsbeitragsrechnung* kann der Beitrag jedes Kunden zum Periodengewinn ermittelt werden. Durch eine verursachungsgerechte Zuordnung von Erlösen und Kosten wird ein monetärer, aussagefähiger Kundenwert errechnet: der Kundendeckungsbeitrag. Dieser lässt erkennen, welche Kunden profitabel sind und welche Aufwendungen sich für die Gestaltung von Marketingmaßnahmen sowie zusätzlich Investition in Cross-Selling-Aktivitäten rechtfertigen lassen.

Aufgrund des anvisierten langfristigen Charakters einer Kundenbeziehung wäre es sehr kurzsichtig, den Wert eines Kunden nur anhand des gegenwärtigen Deckungsbeitrages zu ermitteln. Vielmehr empfiehlt es sich, das künftige Entwicklungspotenzial zu berücksichtigen. So wird in der Anfangsphase einer Kundenbeziehung häufig ein Verlust bewusst in Kauf genommen, wenn man davon ausgehen kann, dass der Kunde mit zunehmender Dauer der Kundenbeziehung immer profitabler wird.

Das Konzept des *Customer Lifetime Value* überträgt Prinzipien der Investitionsrechnung auf die Kundenbeziehung. Der Customer Lifetime Value soll dabei das Potenzial eines Kunden bezogen auf seine Geschäftsverbindung ausdrücken. In seiner konsequentesten Form orientiert sich der Customer Lifetime Value an der Kapitalwertmethode, wonach der Wert eines Kunden sich aus den diskontierten, dem Kunden direkt zurechenbaren Ein- und Auszahlungsströmen während der gesamten „Lebensdauer" einer Kundenbeziehung errechnet.

$$V_r = \sum_{t=0}^{T} \frac{x_t * (p-k) - M_t}{(1+r)^t}$$

V_r Barwert der zukünftigen Nettoeinnahmen von dem Kunden
V Gesamtwert der zukünftigen Nettoeinnahmen von dem Kunden
t Jahr
T Vorauss. Zahl der Jahre, in denen die Kundenbeziehung existiert
x_t Abnahmeprognose für Jahr t
p Produktpreis
k Stückkosten
M_t kundenspezifische Marketingaufwendungen im Jahr t
r Kalkulationszinsfuß

Abbildung 27: Berechnung des Customer Lifetime Value (Link et al. 1993, S. 55)

Eine derartige Berechnung erlaubt insbesondere, Neukunden, die anfänglich nur kostendeckend oder gar unter Inkaufnahme von Verlusten gewonnen werden konnten, über die gesamte – prognostizierte und vertraglich gesicherte – Dauer der Verbindung auf ihre Rentabilität hin zu prüfen.

Scoring-modelle   Wenn es um die Vorhersage des zukünftigen Kaufverhaltens bzw. die Abschätzung der Kaufwahrscheinlichkeit geht, kann es sinnvoll sein, neben monetären Größen (Umsatz, Deckungsbeitrag) auch andere kaufverhaltensrelevante Merkmale (Kaufhistorie, Haushaltseinkommen etc.) zu berücksichtigen. Jeder einzelne Kunde wird anhand der relevanten Kriterien mit Punkten bewertet, die zu einem Kunden-Score addiert werden. Je höher das Punktekonto, desto höher ist der Kunde in seiner Bedeutung für das Unternehmen einzustufen. Je niedriger der Punktestand, umso geringer ist die Kaufwahrscheinlichkeit. Konkrete Marketingmaßnahmen können dann anhand vorher festgelegter Mindestpunktzahlen bzw. Punkteintervalle gestaffelt werden. Diese

Punkteintervalle bestimmen die Form der Kundenansprache bzw. die Art der zu verwendenden Werbemittel.

Das bekannteste Scoringmodell ist die *RFMR-Methode* (RFMR: Recency, Frequency, Monetary Ratio): Kunden, deren Käufe in jüngerer Zeit datieren, wird ein höherer Punktwert gutgeschrieben als Kunden, die seit längerem keinen Kauf mehr getätigt haben (Recency). Vielproduktnutzer werden mit mehr Punkten bedacht als Kunden, die nur ein Produkt besitzen (Frequency) und nicht zuletzt werden Kunden mit einem höheren Umsatz oder Deckungsbeitrag pro Bestellung (Monetary Ratio) ebenfalls höher bepunktet. Umgekehrt werden Punkte abgezogen, wenn in den Kunden investiert wird (Mailing).

Faktoren						
Startwert	25 Punkte					
Letztes Kaufdatum	b. 6 Monate + 40 Punkte	b. 9 Monate + 25 Punkte	b. 12 Mon. + 15 Punkte	b. 18 Mon. + 5 Punkte	b. 24 Mon. - 5 Punkte	früher - 15 Punkte
Häufigkeit der Käufe in den letzten 18 Monaten	Anzahl der Aufträge multipliziert mit dem Faktor 6					
Durchschnittl. Umsatz der letzten 3 Käufe	b. 50 DM + 5 Punkte	b. 100 DM + 15 Punkte	b. 200 DM + 25 Punkte	b. 300 DM + 35 Punkte	b. 400 DM + 40 Punkte	> 400 DM + 45 Punkte
Anzahl Retouren (kumuliert)	0 – 1 0 Punkte	2 – 3 - 5 Punkte	4 – 6 - 10 Punkte	7 – 10 - 20 Punkte	11 – 15 - 30 Punkte	> 15 - 40 Punkte
Zahl der Werbesendungen seit letztem Kauf	Hauptkatalog je – 12 Punkte		Sonderkatalog je – 6 Punkte		Mailing je – 2 Punkte	

Abbildung 28: Beispiel der RFMR-Methode (Link et al. 1993, S. 49)

Scoringmodelle können im Laufe der Zeit – unter Berücksichtigung der relevanten Kundeneigenschaften sowie der dazugehörenden Gewichtungsfaktoren - zunehmend verbessert bzw. verfeinert werden. Voraussetzung hierfür ist die zentrale Zusammenführung aller relevanten Kundeninformationen sowie die periodische Überprüfung dieser Informationen.

Grafische Darstellung einer CRM-Scorecard

Ausgehend von den oben beschriebenen Kenngrößen wurde mit der Software der Firma SAS 'Strategic Vision™' eine CRM-Scorecard angelegt. Das folgende Beispiel soll verdeutlichen, wie eine geeignete Informationsaufbereitung von Sachverhalten (z.B. Ampelfunktion) den Anwender dabei unterstützt, sich auf das Wesentliche zu konzentrieren.

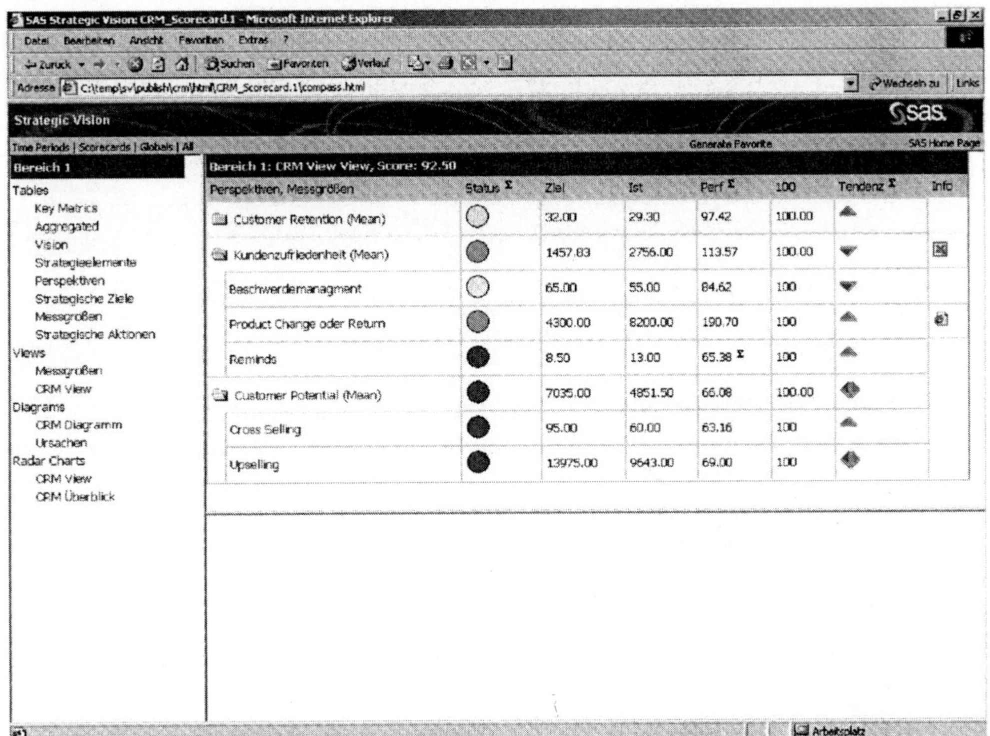

Abbildung 29: Screenshot einer CRM Scorecard-Anwendung

Ableitung von Maßnahmen aus der CRM-Scorecard

Ausschlaggebend für den Erfolg eines CRM-Systems ist neben der transparenten Darstellung der Kundenbeziehung auch das Vorhandensein von Strategien und sich daraus abgeleiteter Maßnahmen. Diese, auf die jeweilige Situation abgestimmten Maßnahmen, können im Einzelfall auch relativ unpopuläre Entscheidungen, wie das bewusste Kündigen einer Kundenbeziehung, sein.

Die nachfolgende Darstellung einer Entscheidungstabelle soll anhand eines relativ groben Rasters den Zusammenhang zwischen Ereignis und Maßnahme veranschaulichen. Wegen der Übersichtlichkeit wurden in dem Beispiel nur eine kleine Anzahl von Variablen gewählt, weshalb in dieser Darstellung der Faktor „Kundenloyalität" nicht relevant erscheint. Unterschiede in den Maßnahmen würden sich erst bei einer detaillierteren Betrachtung erkennen lassen.

Die gewählte Form der Entscheidungstabelle ist hier deshalb sehr hilfreich, weil sich diese WENN-DANN-Relationen ideal für eine Umsetzung in einem regelbasierten System eignen. Solche regelbasierten Systeme, z.B. Kampagnenmanagementsysteme (siehe Kapitel 3.1.3), können u.a. im Bedarfsfall ereignisgesteuerte Maßnahmen auslösen.

	Hoher Zielerreichungsgrad							
Kundenloyalität	J	J	J	J	N	N	N	N
Kundenzufriedenheit	J	J	N	N	J	J	N	N
Kundenwertmanagement	J	N	J	N	J	N	J	N
Maßnahmenbündel 1: • Trennung vom Kunden				X				X
Maßnahmenbündel 2: • Kundenbindung (allg.)	X				X			
Maßnahmenbündel 3: • Kundenbindung (Cross-/ Up-Selling		X				X		
Maßnahmenbündel 4: • Kundenbindung (Qualitäts-Management)			X				X	

Abbildung 30: Entscheidungstabelle für die Maßnahmensteuerung aus einer CRM-Scorecard

2.3   e-CRM – konsequente Fortsetzung des CRM

Mit den rasanten technologischen Entwicklungen der Internettechnologien und der weiterhin zunehmenden Attraktivität des WWW sind neue Absatz- und Kommunikationskanäle entstanden. Als Antwort darauf werden zunehmend zahlreiche Leitbilder des klassischen Marketing in Frage gestellt. Marketing für die breite Masse nach dem Push-Prinzip tritt zunehmend in den Hintergrund. Im Internet zählt die individuelle Ansprache, bei der der Kunde selbst die Entscheidung fällt, was er sehen, kaufen und an Zusatzinformationen erhalten will. Die rasanten Entwicklungen in der Network Economy (siehe auch die Darstellungen in Kapitel 1) haben zudem für Unternehmen zu einer Multiplizierung der Schnittstellen zum Kunden geführt. War der Kontakt zwischen Herstellern und Verbrauchern früher meist nur auf wenige Bereiche (traditionelle Vertriebswege, klassische Werbung) beschränkt, so hat die Digitalisierung der Märkte die Zahl der Schnittstellen zwischen Kunden und Unternehmen deutlich erhöht. Umso komplexer stellt sich nun die Etablierung, der Aufbau und die effiziente Ausgestaltung der Beziehungen zu den Kunden über unterschiedlichste Schnittstellen dar. Um diesen Herausforderungen begegnen zu können, sind neue Formen im Umgang mit dem Kunden unabdingbar. Es stellt sich die Frage, wie Kunden angezogen werden, wie eine Anpassung entsprechend der Kundenwünsche erfolgen und wie Kundenbindung generiert werden kann (Zerdick et al. 2001, S. 237).

Unternehmen der 'New Economy' aber auch der 'Old Economy' sind eifrig bemüht, ihr Geschäft im weltweiten Netz möglichst rasch auszuweiten. Aber statt auf Kundenbindung bedacht zu sein, fokussieren die meisten Unternehmen das Gewinnen neuer Kunden. Ein Weg, der schon in der 'Old Economy' von Nachteil ist. Vor allem in den Köpfen von Unternehmern der New Economy herrscht vielfach die Meinung vor, dass im Web mit Kundentreue nicht zu rechnen sei, da ein Großteil der Webbesucher ein Verhalten an den Tag legt, sich quasi mit einem Mausklick wieder zu verabschieden, wobei den Unternehmen die Informationen über den Grund und die Absichten des Besuches fehlen.

Der Erfolg der Webaktivitäten wird gemessen an fragwürdigen Kennzahlen wie z.B. Anzahl der Hits oder Page-Impressions. Je mehr neue Kunden auf die Website zugreifen, um so besser. Eine derartige Erfolgsmessung ist jedoch nicht nur reichlich kurzfristig angelegt, sondern lässt eine wirklich aussagekräftige Beurteilung der Website keinesfalls zu. Verdrängt wird vielfach die Tatsache, dass sich Kunden im Web ausgesprochen loyal verhalten können – vorausgesetzt, dass ein Unternehmen mit seinem Angebot und seinem Auftritt im Netz ihr Vertrauen gewinnt und ihnen hilft, sich zurecht zu finden. Wenn es Unternehmen nicht gelingt, aus ihren profitabelsten Kunden auch loyale Kunden zu machen sowie die richtige neue Klientel zu gewinnen, dürfte ihre Zukunft düster aussehen; es besteht die Gefahr, den Launen der besonders preisempfindlichen Käufern ausgesetzt zu sein (Reichheld et al. 2001, S.71).

Die große Bedeutung von stabilen Kundenbeziehungen ist seit langem bekannt und Inhalt zahlreicher Studien. Mit Hilfe von Netzwerktechnologien lassen sich Kundenbeziehungen auf eine neue Qualitätsstufe stellen: Netzwerke wie das Internet ermöglichen nicht nur die Kommunikation der Menschen untereinander, sondern beschleunigen, intensivieren und internationalisieren den uneingeschränkten Austausch von Informationen und machen viele Beziehungen erst möglich (Zerdick et al. 2001, S. 194).

2.3.1   e-CRM – Definition und begriffliche Abgrenzung

In der Fachliteratur und den einschlägigen Fachzeitschriften trifft man auf unterschiedlichste Begriffsdefinitionen, wenn es um die Thematik CRM oder e-CRM geht. Unter e-CRM wird der Aufbau und die Pflege von digitalen Kundenbeziehungen verstanden, wobei Kunden zum Dialog Endgeräte einsetzen, deren primäre Funktion die Kommunikation durch eine Internetverbindung ist. Diese sogenannten Internet-Endgeräte oder Minicomputer umfassen neben herkömmlichen PCs auch Terminals für Fernsehen (NetTVs, Set-Top-Boxen), Personal Digital Assistants (PDAs), Internet Smart Phones und zukünftig mobile Surfpads. e-CRM lässt sich wie folgt definieren:

Definition e-CRM

e-CRM ist der digitale Kundenbindungsprozess, um den Weg zu einer echten Eins-zu-Eins-Beziehung zwischen Unternehmen und Kunden zu bereiten. Dabei werden Präferenzen des Kunden aus vorherigen Interaktionen extrapoliert, über eine beziehungsoptimierende Feedback-Schleife in den Web-Applikationen hinterlegt, damit das Unternehmen bei der automatisierten Dialogkommunikation auf die Kundenbedürfnisse personalisiert und in Echtzeit eingehen kann.

In der Network Economy sind derartige Kundenbeziehungen ein grundlegendes Merkmal, weil Kunden erstmals tatsächlich in das Unternehmensnetz über eine beziehungsoptimierende Feedback-Schleife integriert werden können. Dabei bilden folgende drei Instrumente das Gerüst (Zerdick et al. 2001, S. 195):

- Leistungsfähige Datenbanken und Data Mining Algorithmen – erlauben den Unternehmen, ihre Kunden differenziert und personalisiert zu erkennen und entsprechend zu behandeln.

- Interaktivität – Hardware- und Software-Applikationen ermöglichen dem Kunden, direkt mit dem Unternehmen zu kommunizieren und umgehend eine adequate Antwort zu erhalten.

- Mass Customization – verschafft als Technologie den Unternehmen die Möglichkeit, personalisierte Produkte anbieten zu können, indem unterschiedliche Kunden unterschiedliche Produkte erhalten (siehe auch Kapitel 1.1.3).

Erst eine intelligente Integration dieser drei Aspekte in den Produktionsprozess ermöglicht die Optimierung des Outputs eines Anbieters, um parallel dazu die Loyalität der Kunden erhöhen zu können.

2.3.2   Elemente des e-CRM

Das Web sorgt für eine schier unendliche Vielfalt an Produkt- und Servicemöglichkeiten. Bisher gewohnte Beschränkungen, wie z.B. Standort, Regalraum oder Produktkenntnis der Verkäufer, treten zunehmend in den Hintergrund. Aber diese neue Freiheit schürt auch die Versuchung, dass Unternehmen derart viele Informationen und Angebote präsentieren, dass Kunden schließlich verwirrt und frustriert werden (Reichheld et al. 2001, S. 74). Die im Folgenden vorgestellten Elemente des e-CRM sind differenziert und durchaus ergänzend einzusetzen. Ein höchst diszipliniertes Vorgehen beim Einsatz der folgenden Techniken ist unabdingbar, um über den Aufbau einer digitalen Kundenbeziehung die Kundenbindung erhöhen zu können.

2.3.2.1   Individualisierung / Customizing

Individualisierbare Websites bieten den Kunden die Möglichkeit, sich eine eigene Website zu konfigurieren, wobei die Konfigurationseinstellungen bei einem Wiederholungsbesuch der Seite beibehalten werden. Yahoo! bietet beispielsweise mit myYahoo! ihren Kunden eine individualisierbare Homepage an. Dabei können Content der Website (Informationsinhalte, z.B. Wetterinformationen) und Servicefunktionalitäten (z.B. E-Mail) individuell nach eigenen Wünschen zusammengestellt werden. Mit einer individualisierbaren Website verfolgen Unternehmen die Strategie über das eigentliche Kerngeschäft hinweg Zusatzinformationen und –Services bereitzustellen, so dass Kunden sämtliche Informationsbedürfnisse im Web über eine einzige Homepage abdecken können. Je häufiger und intensiver sie die angebotenen Zusatzservices nutzen (z.B. virtuelle Büros), desto stärker binden sie sich an die Website. Die Wahrscheinlichkeit, dass Kunden bei einem Konkurrenzunternehmen diese Services in Anspruch nehmen, sinkt mit der Menge an Informationen, die man bereits im Rahmen der Individualisierung abgespeichert hat.

2.3.2.2   Personalisierung

Ziel der Personalisierung ist die individuelle Ansprache einer Vielzahl unterschiedlicher Kundensegmente. Bei Zugehörigkeit zu einem Kundensegment wird die Kommunikation (Inhalte, Werbung, angebotene Links, E-Mail) auf die Bedürfnisse des Kunden zugeschnitten. Auf Basis der Reaktionen auf diese Kommunikation lassen sich die Kundenbedürfnisse immer genauer einkreisen, so dass sich die Kommunikation immer zielgerichteter und für den Kunden relevanter gestalten lässt (Reid Smith 2001, S. 33).

Mit der zunehmenden Bedeutung des Mobile Commerce gewinnt neben der inhaltlichen Fokussierung der Personalisierung zunehmend die regionale Fokussierung an Gewicht. Als Gegentendenz zu der derzeit auch im Bereich von Information und Unterhaltung herrschenden Globalisierungswelle werden die Kunden verstärkt auch regionale und lokale Informationen und Angebote nachfragen. Am Beispiel medialer Inhalte lässt sich die wachsende regionale Fokussierung der Inhalte sehr gut visualisieren (Zerdick et al. 2001, S. 204).

		Regionale Fokussierung	
		eng	**weit**
Inhaltliche Fokussierung	**eng**	Online-Stadtmagazin (tip-online.de)	Online-Sportdienste (sport1.de)
	weit	Digitale Stadt (stuttgart.de)	Suchmaschinen/Portale/Communities (yahoo.com)

Abbildung 31: Fokussierung von Medienangeboten im Internet

Obwohl das Internet eher den Anschein der Anonymität besitzt, haben Unternehmen bessere Möglichkeiten, die Kunden, ihr bisheriges Kaufverhalten und ihre Präferenzen zu ermitteln als in einem herkömmlichen Geschäftsfeld. Jeder Mausklick und jedes

Business Event (z.B. ein im Web durchgeführter Kaufvorgang) kann elektronisch festgehalten werden und dient als Basis für die Personalisierungsbemühungen. Der gesamte Entscheidungsfindungsprozess eines Kunden bis zu einem Kauf oder Nichtkauf wird somit transparent. Dadurch bieten sich Unternehmen ungeahnte Möglichkeiten, ihre Kunden genau kennen zu lernen und ihre Angebote exakt nach deren Vorlieben zu gestalten (Reichheld et al. 2001, S. 75).

Die beziehungsoptimierende Feedbackschleife innerhalb des webbezogenen Personalisierungsprozesses lässt sich generell in zwei Kreisläufe aufteilen, den Analytical Loop, der die Aufgabe hat, aus GigaByte an Daten Kundenpräferenzen und Kundenbedürfnisse zu extrahieren, und den Realtime Loop, der entsprechend den ermittelten Bedürfnisstrukturen dem Kunden den von ihm präferierten Content in Echtzeit anbieten kann.

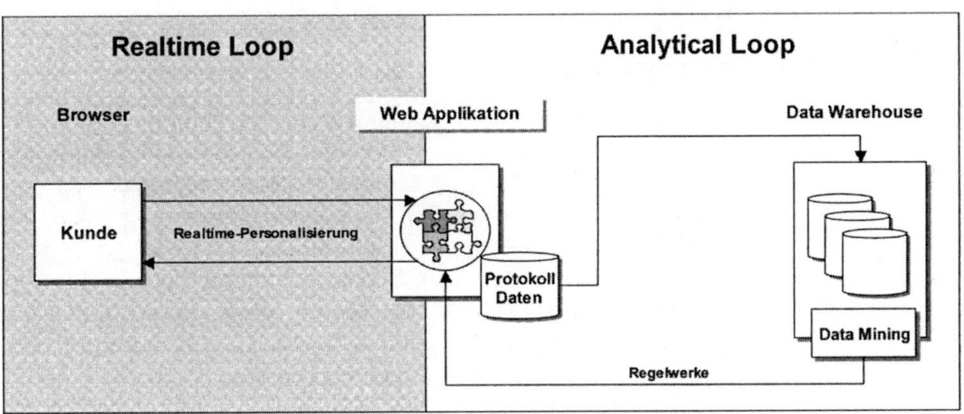

Abbildung 32: Der Personalisierungsprozess

Analytical Loop

Der Personalisierungsprozess beginnt mit einer Analyse der Daten, welche die Kunden während des Dialoges in Form von Web Server Logs oder sogenannten Tracking-Daten hinterlassen. Diese Daten werden pro Mausklick gespeichert und in definierten Zeitintervallen in das Data Warehouse (siehe Kapitel 3.1.1) geladen. Die Anwendung von Data Mining Algorithmen auf diese Daten, auch als Web Mining (siehe auch die Ausführungen in 3.1.4.2) bezeichnet, extrahiert aus diesen in der Regel unstrukturierten Daten Besucherprofile. Jedes Profil ist durch bestimmte Charakteristika gekennzeichnet und lässt sich mit Hilfe von Regelwerken beschreiben. Die Regelwerke können als Kauf- oder

Präferenzmuster aufgefasst werden und sind im Idealfall das Ergebnis der Data Mining Analysen.

Realtime Loop Nachdem der Analytical Loop aus vorherigen Kundeninteraktionen Präferenzen des Kunden in Form von Regelwerken extrapoliert, hat der Realtime Loop die Aufgabe, entsprechend des Kauf- oder Präferenzprofils des Kunden maßgeschneiderten Content in Echtzeit bereitzustellen. Dabei sind die Regelwerke in der Web-Applikation hinterlegt. Sobald sich ein Kunde während seines Online-Besuches entsprechend eines Präferenzmusters verhält, bekommt der Kunde gemäß der zugrunde liegenden Regel den für dieses Präferenzmuster definierten Content zu sehen.

Mit Hilfe der beschriebenen beziehungsoptimierenden Feedbackschleifen lassen sich Präferenz- und Affinitäten-Gemeinschaften realisieren, die den Aufbau von differenzierten digitalen Kundenbeziehungen erst ermöglichen.

2.3.2.3   Virales Marketing

Mit viralem Marketing bezeichnet man die Strategie, treue Kunden in Markenprediger zu verwandeln, um Marketing-Kampagnen via E-Mail weit zu verbreiten. Sponsoren profitieren von der sehr effektiven Form der "Freundschaftswerbung", die durch die Schnelligkeit des Internets und den neuen Trend des One-to-One-Marketing in den USA bereits zu einem neuen Marketingbaustein herangewachsen ist. Durch diese Form der E-Mail-Vermarktung mit eingebetteten URLs ist es dem werbenden Unternehmen möglich, eine detaillierte Datenbank der Interessenten aufzubauen. Anreize, bei dieser Form des Marketing zu partizipieren, sind unter anderem:

- E-Mail-Adressen, mit denen auch SMS und Faxe verschickt werden können,

- Software-Programme oder Tools mit nützlichen Funktionen,

- Spiele, Bildschirmschoner o.ä., die einen Unterhaltungswert für den Benutzer darstellen,

- Bonuspunkte, mit denen z.B. Produkte oder Dienstleistungen bestellt werden können.

Neue Geschäftsmodelle des viralen Marketing ermöglichen die Verbreitung von Online-Marketing-Informationen mit hoher Reichweite bis in Offline-Markt-Segmente. So bietet das US-Unternehmen Cardmine.com die Internet Paper Postcard an.

Durch einen Web-to-Mail-Service werden Digitaldruck und Datenbank-Technologien miteinander verknüpft, um zielgruppengerechte und hochpersonalisierte Direct-Mail-Kampagnen zu ermöglichen, die vom Konsumenten selbst initiiert werden. Die Web-Surfer entdecken ein neues, witziges Medium und haben den Vorteil, eine kostenlose Postkarte mit einer persönlichen Nachricht zu verschicken, die einen Sammelcharakter und dadurch mehr Bedeutung hat als eine E-Mail.

2.3.2.4   Permission Marketing

Als eine besondere Form des Direktmarketing und Vorstufe zum One-to-One-Marketing wird Permission Marketing im Internet vorwiegend auf E-Mail-Basis betrieben. Voraussetzung des Permission Marketing ist die Erlaubnis des Kunden, um künftig über ein Unternehmen, seine Produkte und Dienstleistungen informiert zu werden. Die Herausforderung liegt hier im Aufbau einer vertrauensvollen Kundenbeziehung. Sobald diese Beziehung einmal etabliert ist, werden Marketing-Informationen zu wirklichem Kundenservice, weil der Kunde diese ausdrücklich wünscht.

Oft führt die Erlaubnis eines Kunden jedoch zu einem Missbrauch und somit zu einem relativ schnellen Ende der Kundenbeziehung. Wird der Kunde durch Massen-E-Mails überflutet oder sind die E-Mail-Kampagnen zu offensiv, so wird der Kunde die erteilte Erlaubnis recht schnell rückgängig machen.

2.3.3   Realisierung digitaler Kundenbeziehungen

Um in dem neuen, digitalen Umfeld erfolgreich zu sein, müssen bisherige Geschäftsmodelle und –prozesse gründlich überarbeitet werden. Die meisten Online-Unternehmen bemühen sich um den Aufbau von Online-Beziehungen, vergessen aber dabei, dass der Aufbau von digitalen Kundenbeziehungen mehr bedeutet als die Einführung millionenteurer digitaler Kundenbindungsapplikationen. Selbst erfolgreich implementierte e-CRM-Software-Applikationen steuern in der Regel keinen Mehrwert zur Erhöhung der Kundenbindung bei, wenn das Design der Website die Kunden nicht anspricht, die Produkt- und Servicequalität zu wünschen übrig lässt und die Unternehmen ihre Back-Office-Prozesse, wie z.B. ihre Supply-Chain nicht im Griff haben.

Zudem erschwert die höhere Markttransparenz der Käufer und die damit verbundene Informationsverbesserung den Aufbau von

Onlinebeziehungen (vgl. Kapitel 1.3.1). All die neuen Technologien, die für das rasante Wachstum des Internets verantwortlich waren, erschweren es den Unternehmen gleichzeitig, Kunden zu halten und Profit zu machen (Reid Smith 2001, S. 35). Daher ist es für Unternehmen unabdingbar, gezielt Gegenstrategien zu entwickeln, um den aufgrund der hohen Markttransparenz und geringen Transaktionskosten quasi per Mausklick einfach zu vollziehenden Anbietervergleich und –wechsel zu verhindern. Hierzu kann der gezielte Einsatz von Programmen dienen, welche die Kundentreue fördern und belohnen. Als Folge entsteht nicht nur eine höhere Bindung des Kunden zum jeweiligen Anbieter, sondern auch eine gewisse Preisunempfindlichkeit (Zerdick et al. 2001, S. 232).

In verschiedenen Studien wurde empirisch erforscht, wie sich die Kosten und Erlöse über den Lebenszyklus einer Geschäftsbeziehung verhalten. Dabei konnte nachgewiesen werden, dass durch hohe Akquisitionskosten viele Kundenbeziehungen im Anfangsstadium unrentabel sind. Erst eine steigende Wiederkaufrate in Verbindung mit zunehmend sinkenden Betreuungskosten eines Kunden generiert dem Unternehmen höhere Erlöse. Im WWW finden wir die gleiche Situation vor, mit der Ausnahme, dass im Web der Akquisitionsaufwand in der Regel um den Faktor 1,5 bis 2,5 höher ist als auf den herkömmlichen Vertriebswegen und das Gewinnwachstum sich von Jahr zu Jahr beschleunigt (Kenny et al. 2001, S. 78). Alle im Web agierenden Unternehmen werden nur dann hohe Gewinne realisieren können, wenn sie über den Aufbau von Kundenbeziehungen aus ihren Kunden treue Kunden machen können (Reichheld et al. 2001, S. 71). Anstatt mit teuren Marketinginitiativen die Erhöhung des Share-of-Customer zu fokussieren, sollten Unternehmen über die Optimierung von Kundenbeziehungen den Share-of-Wallet für jeden Kunden erhöhen. Die Entwicklung der Kundenbeziehungen ermöglicht höhere Erträge durch niedrigere Marketingausgaben und somit eine höhere Profitabilität (Reid Smith 2001, S. 181).

Um eine digitale Beziehung zu einem Kunden aufzubauen, muss zunächst dessen Vertrauen gewonnen werden. Gerade im Web, wo die Geschäfte auf eine gewisse Distanz abgeschlossen werden, und die Risiken und Unsicherheiten weitaus größer sind, trifft das besonders zu. Vertraut ein Kunde einem Online-Anbieter, so wird er diesem wahrscheinlich auch eher seine persönlichen Daten mitteilen. Aufgrund dieser Informationen sind Unternehmen wiederum in der Lage, eine viel engere Beziehung aufzubauen. Dem Kunden können dann auf seine individuelle Präferenzen abgestimmte Produkte und Dienstleistungen angeboten werden, was im Umkehrschluss wieder sein Vertrauen und die Loyalität stärkt. Ein derartiger Regelkreis kann schnell in einem dauerhaften Wettbewerbsvorteil münden (Reichheld et al. 2001, S. 73).

Das Besondere bei der digitalen Kundenbindung ist, dass das Internet den Aufbau von Beziehungen einfacher, schneller und billiger machen kann. Welche Ursache-Wirkungs-Ketten dabei jedoch zu beachten sind, verdeutlicht die folgende Abbildung (Reid Smith 2001, S.40 ff.).

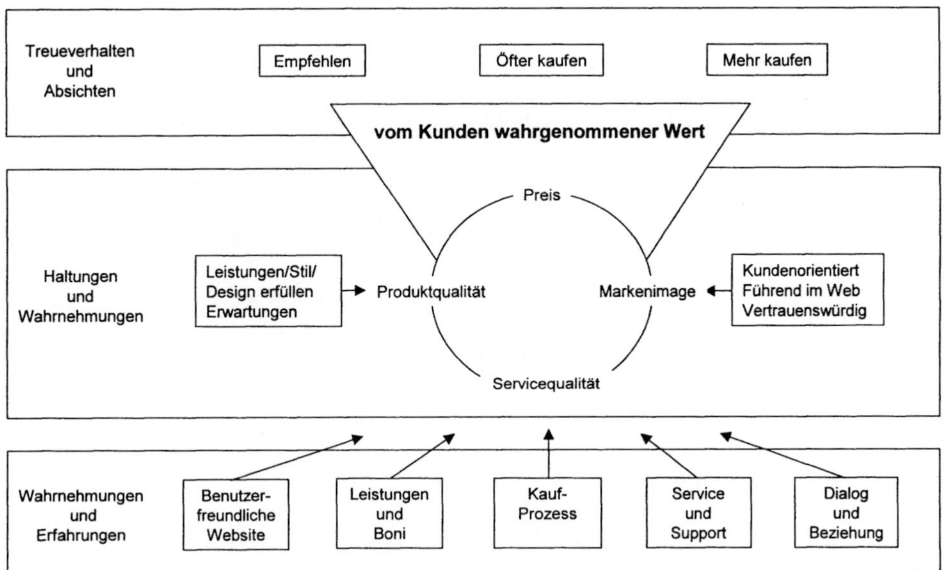

Abbildung 33: Faktoren digitaler Kundentreue

Nachfolgend ist eine Vorgehensweise skizziert, wie im Rahmen einer digitalen Kundenbindungsstrategie Kundentreue erzeugt werden kann (Reid Smith 2001, S.45 ff.).

Schritt 1: Formulierung klarer Ziele

Kundenbindungsstrategien sind oft zum Scheitern verurteilt, da es den Verantwortlichen nicht gelingt, Ziele und Intentionen hinsichtlich einer Beziehung zu den Kunden eindeutig und dezidiert zu bestimmen. Ohne eine klare Zielformulierung und einer Bestimmung von Erfolgsmaßstäben werden Aussagen darüber, welche Art von Kundenbindungsstrategie den größten Erfolg beisteuern wird, nicht möglich sein.

Schritt 2: Identifikation der potenziellen treuen Kunden

Die Identifikation potenziell treuer und profitabler Kunden setzt eine Analyse der besuchten Seiten, der gelesenen Artikel, der Downloads und der gekauften Produkte voraus. Da sich das Internet mit einer permanenten Dynamik weiterentwickelt, müssen Unternehmen die Datenbeschaffung aus dem Internet optimieren. Aufgrund der im WWW anfallenden Datenvolumina werden neue Herausforderungen an die Datenbeschaffung, Datenanalyse und Verwertung der gewonnenen Informationen gestellt und stellen einen der wesentlichsten Faktoren beim Aufbau intelligenter Kundenbeziehungen dar (vgl. Kapitel 3.1.2).

Schritt 3: Entwicklung der Website auf Basis eines intelligenten Dialogs

Der Aufbau einer Kundenbeziehung erfordert die Etablierung eines Dialogs. Die intelligente Einbindung von gesammelten und sinnvoll aufbereiteten Kundendaten in den Dialog kann entscheidend dazu beitragen, das Interneterlebnis zu verbessern, um im Folgeschluss aus Kunden treue Kunden zu machen. In Abhängigkeit von der Zielgruppe ist zudem zu definieren, wie die optimale Frequenz für den Informationsaustausch auszusehen hat, welche Arten von Inhalten erforderlich sind und wie detailliert die Themen innerhalb eines Dialogs behandelt werden sollen.

Schritt 4: Gestaltung der Website für die wertvollsten Kunden, nicht für die Durchschnittskunden

Wer sich beim Aufbau seiner Website an durchschnittlichen Kunden orientiert, läuft Gefahr, die wertvollen Kunden zu verlieren. Daher sollten Inhalte, Werbebanner, angebotene Produkte und Navigationsmenüs an dieser Kundengruppe ausgerichtet werden. Da spezielle Angebote aus wirtschaftlichen Gründen nicht für den gesamten Kundenbestand angeboten werden können, ist es in der Regel sinnvoll, durch den Einsatz von Individualisierungs- oder Personalisierungstechniken bestimmte Angebote auf die wertvollsten Kunden zu beschränken.

**Schritt 5: Formulierung eines digitalen Kundenbindungs-
programms für die wertvollsten Kunden**

Im der wettbewerbsbestimmten Welt des WWW, wo sich die
Produktangebote kaum noch unterscheiden und wo der Preis
immer schon das einzige Kaufentscheidungskriterium war, bietet
sich der Einsatz eines Belohnungsprogramms zur Kundenbindung an. Mit Hilfe von Belohnungsprogrammen versucht man
wertvollen Kunden individuelle Erlebnis- und Produktangebote
anzubieten, um deren Treue zu motivieren. Ausprägungen für
Belohnungen können sowohl harte (monetäre) oder weiche
(subjektiv wertvolle) Vorteile sein. Eine besondere Rolle nehmen
beim Aufbau einer Kundenbindungsstrategie die Opportunitäts-
kosten ein. Die Etablierung einer erfolgreichen Opportunitätskos-
tenstrategie lässt den Kunden erkennen, welche Nachteile ihm
drohen, wenn er nicht alle Transaktionen auf der betreffenden
Website konzentriert oder er dieser Website untreu wird.

**Schritt 6: Überzeugung der Kunden, eine Beziehung einzu-
gehen**

Nachdem Kunden durch erfolgreiche Anwendung diverser Wer-
betechniken (z.B. Bannerwerbung, herkömmliche Werbeträger
wie TV, Radio, Printmedien etc.) auf die Website gelockt wurden, sollten diese Neukunden so schnell wie möglich den Wert
einer Beziehung zu der Website erkennen (vgl. Kapitel 1.3). Der
Aufbau einer fundierten Vertrauensbasis ist für den Beginn einer
Kundenbeziehung, aber auch für deren Erhalt und Vertiefung
unabdingbar. Dabei stellt die richtige Gewichtung zwischen intel-
ligenten Dialogen und auf die Bedürfnisse des Kunden
angepassten Belohnungen unter Berücksichtigung des Lebenszyklus des Kunden die größte Herausforderung dar.

**Schritt 7: Verbesserung der digitalen Kundenbeziehung
durch effektives Feedback und permanente Analysen**

Die Interaktivität des Internet versetzt Unternehmen in die Lage,
relativ einfach Feedback der Kunden bezüglich Website-Design,
Produktangeboten, Serviceleistungen und Marken- oder Firmen-
image zu erhalten. Dabei kommen in der Regel einfach ver-
wendbare Feedbackmechanismen (z.B. Formulare) zum Einsatz,
die in der Nähe von Interaktionen zu positionieren sind, wo ein
Feedback am wahrscheinlichsten zu erwarten ist. Neben diesen
freiwillig vom Kunden verfassten Meldungen ist zusätzlich zu
ermitteln, was deren Aktionen und Verhaltensweisen implizieren.

Dazu werden die Web-Server-Logs oder die Transaktionsdaten der Web-Application-Server herangezogen, um Präferenzen der Kunden, wie z.B. bevorzugt besuchte Seiten, Schlagwort-Einträge in der Suchmaschine, kritische Suchpfade, Downloads, Bannerklicks, Entscheidungsfindungsprozesse und Referrer-Pfade, zu ermitteln. Werden die dabei entstehenden Massendaten nicht in einem Web Data Mart oder einem Web Warehouse strukturiert abgelegt und aufbereitet, so wird es jedoch kaum möglich sein, aus diesen Daten die individuellen Bedürfnisse der Kunden vorhersagen zu können (Kimball et al. 2000, S. 69).

2.3.4 Neue Wege im e-CRM

Trotz der vielen Erwartungen, die Unternehmen an das Internet geknüpft haben, blieben diese in einer Vielzahl der Fälle bisher unerfüllt. Das vorherrschende Modell für E-Commerce, die Kunden zur eigenen Website zu manövrieren, entspricht in der Regel nicht den Bedürfnissen der meisten Firmen oder denen ihrer Kunden (Kenny et al. 2001, S. 78). Die meisten Unternehmen müssen sich daher von der Vorstellung befreien, mit der Bereitstellung einer Website besitze man bereits eine Internet-Strategie. Die Potenziale und Reichweiten des Internets und der zugrunde liegenden Technologien bieten heute bereits Möglichkeiten, um den Kunden individuell zugeschnittene Botschaften und Informationen genau in dem Augenblick zu liefern, wenn diese benötigt werden. Unternehmen werden dadurch zu kontextuellen Anbietern (Kenny et al. 2001, S. 79).

Kenny et al. (2001, S. 78 ff.) gehen in ihren Visionen von der Allgegenwärtigkeit des Internet aus, so dass sich in drei bis fünf Jahren jeder Kunde von nahezu jedem Winkel der Erde aus in das Internet einwählen kann, sei es per PC, Mobil-Telefon, PDA, interaktivem Fernsehen oder mit Funk-Modem ausgestattetem Laptop. Kunden werden sich permanent einer individuellen digitalen Umgebung umhüllt sehen, die es Unternehmen aber erst ermöglicht, in Abhängigkeit von der momentanen Situation des Kunden mit diesem einen Dialog einzugehen (Kenny et al. 2001, S. 79).

Wenn man die Entwicklungen im Mobile Commerce verfolgt (z.B. die weltweiten Investitionen in den UMTS-Standard), scheinen die Visionen von Kenny et al. (2001, S. 78 ff.) gar nicht so abwegig zu sein: „Nicht versuchen, den Kunden zu der Website zu lotsen, sondern stattdessen die eigene Botschaft dem Kunden direkt nahe bringen – dorthin, wo dieser sie im Augenblick gerade braucht." Diese Aufgabe kommt sogenannten Mobilmediären zu – einer neuen Art von digitalen Vermittlern – die in der Lage sein werden, an jedem Punkt der Wertschöpfungskette mit dem Kunden einen Dialog zu eröffnen, sei es beim Kauf eines Produktes oder bei der Nutzung eines Service. Die folgende Tabelle fasst die Ideen des kontextuellen Marketing stichwortartig zusammen (Kenny et al. 2001, S. 83):

	Das Internet von heute	**Das allgegenwärtige Internet**
Mediale Vermittler	• Die angesteuerte Website	• Mobilmediäre
Zugangspunkte	• PC mit Web-Browser	• PDA • Mobiltelefon • Interaktives Fernsehen • Breitband-Standleitung • Elektronische Geldbörsen • Kioske • Internetfähige Zahlungsterminals
Erreichbarkeit der Kunden	• Kunden nur erreichbar, wenn sie an ihrem PC sitzen und im Web surfen	• An sieben Wochentagen rund um die Uhr, überall auf der Welt – in den Autos der Kunden, im Einkaufszentrum, im Flugzeug, im Sportstadion
Zielkunden	• Preisbewusste Käufer, die Vergleiche anstellen	• Jeder mit einem plötzlichen Bedarf, der bereit ist, für Zeitersparnis zu zahlen
Strategisches Gebot	• Konzentration auf Inhalte • Aufbau einer eigenen Website • Individuell gestaltbare Websites • Auf das Auftauchen von Kunden warten	• Konzentration auf den Kontext • Aufbau eines allgegenwärtigen Agenten, der den Kunden ständig begleitet • Eine übergreifende Technik, die es dem Unternehmen erkennbar macht, wo und wann es gebraucht wird • Zur rechten Zeit am rechten Ort sein, wenn der Kunde kaufbereit ist

Abbildung 34: Trends im Rahmen des kontextuellen Marketing

Um im Rahmen der Allgegenwärtigkeit des Internet die Kunden rund um die Uhr begleiten zu können, sind die technologischen Voraussetzungen dafür zu schaffen. Sämtliche Kundenschnittstellen sind in ein allumfassendes e-CRM-System zu integrieren, um kontextuelle Dialoge über alle Schnittstellen realisieren zu können. Ein mächtiges Data Warehouse dient dazu, sämtliche bei der Kundeninteraktion anfallenden Daten zu erfassen und gezielt aufzubereiten. Der Einsatz flexibler Data Mining Lösungen liefert Aussagen über die Bedürfnisstrukturen der Kunden und ermöglicht, die Zielrichtung der Botschaften ständig neu zu bestimmen und individuell zuzuschneiden.

„Wir befinden uns gegenwärtig in der Frühphase der Internetrevolution: Der größte Teil liegt noch vor uns." (Zerdick et al. 2001, S. 23)

Man darf gespannt sein auf die Entwicklungen der nächsten Jahre, die technologischen Rahmenbedingungen sind zum Großteil bereits vorhanden, um die Visionen des kontextuellen Marketing in die Realität überführen zu können.

3 Das CRM-Netzwerk

Der Erfolg eines Customer Relationship Management ist abhängig von einer systematischen Implementierung und Integration im Unternehmen. Projekte, die sich auf den Aufbau einer neuen Arbeitsgruppe oder Abteilung beschränken, sind von vornherein zum Scheitern verurteilt. Die weiteren Ausführungen zeigen daher grundlegende Elemente und Schritte zum Aufbau eines CRM-Systems im Sinne des Information Networking. Entscheidende Aspekte sind dabei die Datenhaltung in Data Warehouses, die Datenanalyse mit Data Mining-Methoden und technische Aspekte der Kommunikation innerhalb und zwischen Prozessen.

3.1 Elemente des CRM-Netzwerks

Die in der Regel als Anwendung sichtbaren Elemente des CRM-Netzwerkes sind

- das *Data Warehouse* für die Sammlung aller internen und externen Daten bzw. Informationen (siehe Kapitel 3.1.1). Da hier alle Informationen des Unternehmens zusammenkommen, ist das Data Warehouse, als „Herzstück" des CRM-Netzwerkes, für die rechtzeitige Bereitstellung der richtigen Information am richtigen Ort verantwortlich.

- die *Analyseplattform* zur Generierung von Informationen (siehe Kapitel 3.1.2).

- das *Kampagnenmanagement* zur Umsetzung der strategischen Ziele des CRM (siehe Kapitel 3.1.3).

- die *Vertriebskanäle*, über die der Kontakt zwischen Unternehmen und Kunden bzw. Märkten stattfindet.

Abbildung 35 stellt den Zusammenhang zwischen den wesentlichen Elementen von CRM-Netzwerken dar.

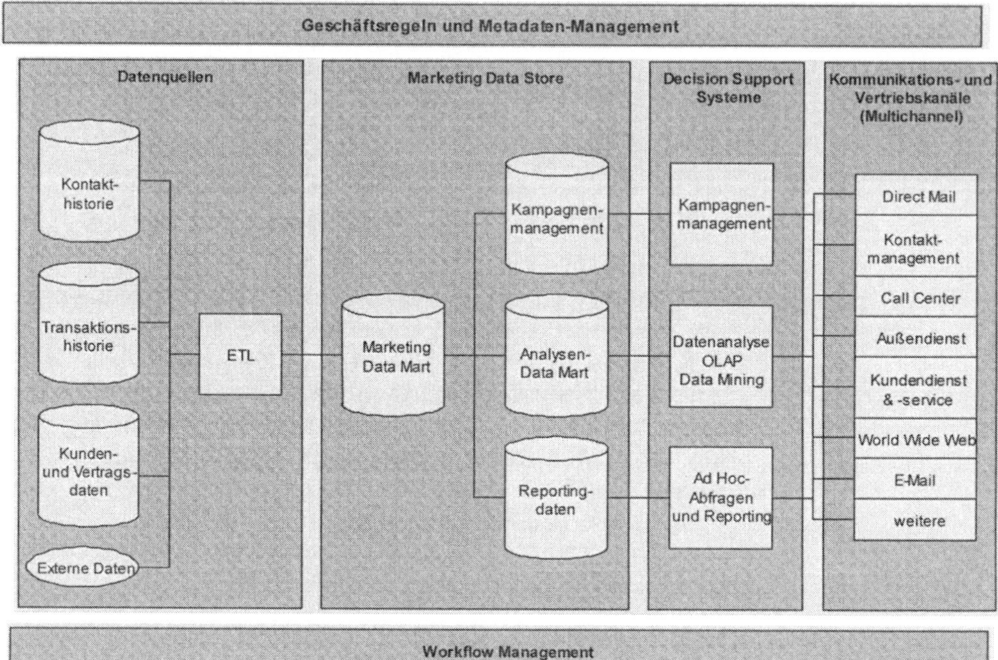

Abbildung 35: Integration der Elemente des CRM-Netzwerks
(Berson et al. 1999, S. 45)

Darüber hinaus gibt es jedoch auch Elemente, die als Anwendung nicht in Erscheinung treten, aber deshalb nicht weniger wichtig sind. Es handelt sich hierbei um aufbau- und ablauforganisatorische Prozesse sowie um Ansätze der IT-technischen Integration und Synchronisierung von Anwendungen (siehe Kapitel 3.1.4).

3.1.1   Datenmanagement

Information – ein echter Produktionsfaktor

Die aktuelle Situation in den Unternehmen ist durch eine steigende Datenflut bei einem gleichzeitigen Informationsdefizit gekennzeichnet, d.h. viele Unternehmen sind im Besitz einer Vielzahl an Daten, sie sind jedoch nicht in der Lage, diese sinnvoll zu nutzen: Die richtige Information, zur richtigen Zeit, am richtigen Ort fehlt (Behme et al. 1998, S. 9). Abbildung 36 verdeutlicht diesen Information-Overload und die damit verbundene Informationslücke.

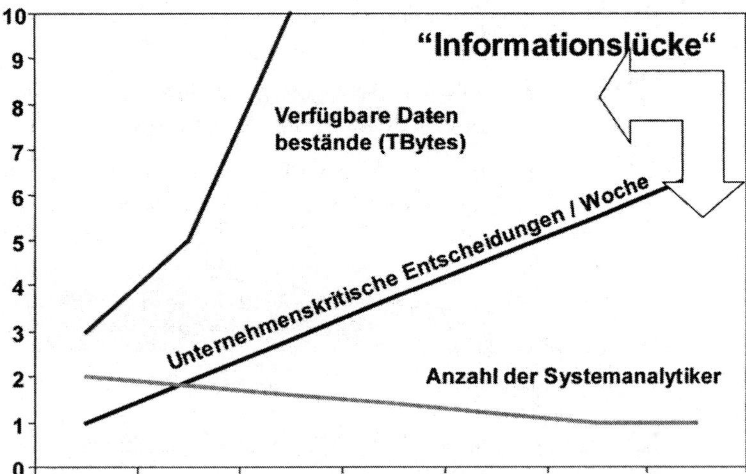

Abbildung 36: Business Intelligence und Informationslücke
(Gartner Group in IDG Compendium)

Der Wandel von Verkäufer- zu Käufermärkten, zunehmende
Intensivierung des Wettbewerbs, kürzer werdende Produkt-
lebenszyklen und der ständig wachsende Einsatz der Informati-
ons- und Kommunikationstechnik erfordern nicht nur neue Unternehmensstrukturen und Managementtechniken, wie z.B. Business Reengineering oder Lean Management, sondern ebenso
neue Konzepte des Informationsmanagements. Information ist in
der informationsbasierten Unternehmung zum vierten, eigen-
ständigen Produktionsfaktor (neben Arbeit, Boden und Kapital)
und entscheidenden Wettbewerbsfaktor geworden. Das Data
Warehouse ist die Antwort auf diese Herausforderung. Es dient
der Bildung eines Informationsangebots im Unternehmen und
bildet die Basis für das Management des Produktionsfaktors Information (Hummeltenberg 1998, S. 42).

Elemente des Wissensmanagements

Die originäre Aufgabe des Wissensmanagements ist es, ein Um-
feld zu schaffen (System, Organisation, Kultur), in dem eine
Gruppe von Mitarbeitern in der Lage ist, das für die Erfüllung der
Aufgaben notwendige Wissen zu besorgen (Gerick 1999, S. 6).
Wissensmanagement hat drei tragende Säulen (Henkel 1999,
S. 57):

- *Data Warehouse* für die Informationen in strukturierten Daten,

- *Integriertes Dokumentenmanagement* für die Informationen in unstrukturierten Daten sowie

- *Groupware* und *Workflow* für Informationen, die im Rahmen von Projekten durch Kommunikation der Beteiligten entstehen.

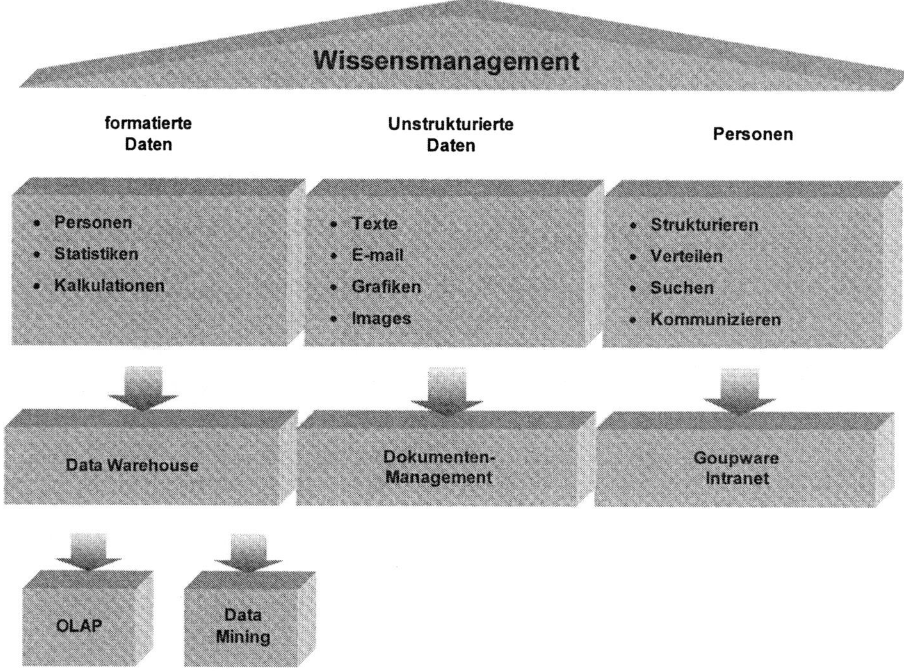

Abbildung 37: Einordnung des Data Warehouses im Wissensmanagement (Bauer 1999, S. 4)

Computerunterstützung im Management – Rückblick

Der Wunsch, den Produktionsfaktor Information als Unterstützung von Entscheidungen bestmöglichst auszunutzen, ist keineswegs neu. Bereits seit den sechziger Jahren sind elektronische Informationssysteme im Einsatz. Aufgrund ständig steigender Anforderungen und technischer Neuerungen entstanden diverse Ansätze und Systeme, die sich in einer verwirrenden Vielfalt unterschiedlicher Akronyme, wie Management-Informationssyteme (MIS), Entscheidungsunterstützungssysteme (EUS) bzw. Decision-Support-Systems (DSS), Führungsinformationssysteme (FIS) bzw.

Executive-Information-System (EIS) und Data Warehouse (DW) ausdrücken (Schinzer 1998, S. 5). Abbildung 38 gibt einen groben Überblick über die Entwicklung und Besonderheiten der verschiedenen Ansätze.

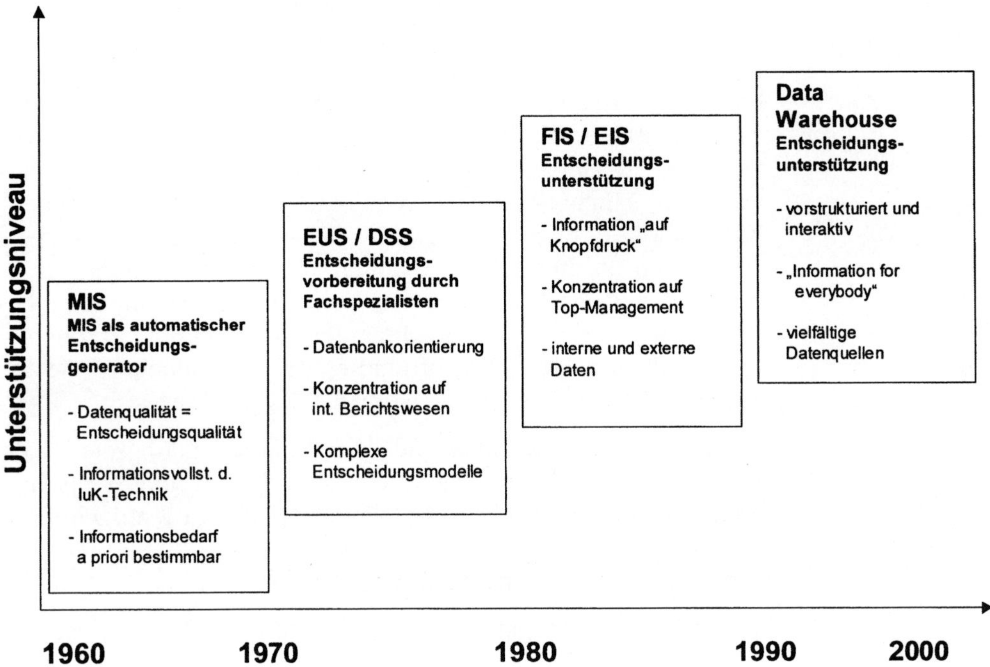

Abbildung 38: Vom MIS zum Data Warehouse (Bullinger 1995, S. 19)

Business Intelligence ist heute das Schlagwort für die intelligente und kreative Nutzung von unternehmensweit verfügbarem Wissen. Business Intelligence ist die Fähigkeit der Mitglieder einer Organisation, Qualität und Leistung der Geschäftsabläufe zu erkennen und zu beurteilen. Dies erfordert einen flexiblen, transparenten Zugang zu den Unternehmensdaten und geeignete Werkzeuge für die Auswertungen (Hummeltenberg 1998, S. 42). Data Warehousing bildet die Basis von Business Intelligence und stellt die Unternehmensdaten bereit, OLAP und Data Mining-Verfahren bieten die Werkzeuge, um die Daten in wertvolle Informationen zu wandeln. Das Konzept des Data Warehousing wird im folgenden Kapitel ausführlich vorgestellt.

3.1.1.1   Das Data Warehouse Konzept

Das Konzept des Data Warehouses wurde erstmals 1988 von Devlin/Murphy (1988) vorgestellt, dann nachdrücklich von Inmon (1996) und Inmon/Hackathorn (1994) propagiert. Es basiert auf der Idee der Trennung der Daten zur Administration und Steuerung der operativen Prozesse von den Daten und Informationen für Analyse, Planung und Kontrolle (Hummeltenberg 1998, S. 48). Dieser Ansatz rührt daher, dass an operative Datenbestände ganz andere Anforderungen gestellt werden als an Analysedaten. Hinzu kommen technische Gründe im Zusammenhang mit der Integration heterogener Datenbestände von verschiedenen Plattformen. Erst durch die Realisierung des Data Warehouse Konzeptes wird eine konsistente Datenhaltung gewährleistet, verbunden mit einem raschen Zugriff auf die ursprünglich verteilten Datenstrukturen (Hummeltenberg 1998, S. 49).

In Abbildung 39 werden die Hauptunterscheidungsmerkmale zwischen einem operativen Datenbestand und einem entscheidungsorientierten Datenbestand (Inmon 1996, S. 18) aufgelistet.

Data Warehouse-Definition nach Inmon

William H. Inmon gilt als geistiger Vater des Data Warehouse Konzeptes und definierte den Begriff Data Warehouse wie folgt:

> Ein Data Warehouse ist eine themenorientierte, integrierte, nicht-volatile und zeitraumbezogene Sammlung von Daten zur Entscheidungsunterstützung des Managements. (eigene Übersetzung nach Inmon 1996, S. 33).

Auf die in der Definition genannten Aspekte Themenorientierung, Integration, Nicht-Volatilität und Zeitraumbezug wird im Weiteren eingegangen.

Themen-orientierung

Im Gegensatz zur Funktions- und Anwendungsorientierung der operativen Systeme (z.B. Einkauf, Lagerhaltung, Verkauf) steht bei der Konzeption des Data Warehouses die Orientierung an Gegenstandsbereichen (Subjekten) des Unternehmens im Vordergrund. Die innerbetrieblichen Funktionen und Prozesse sind für die Entwicklung des Data Warehouses von untergeordnetem Interesse (Inmon et al. 1994, S. 3); im Mittelpunkt stehen die Daten, die für den Anwender relevant und interessant sind bzw. sein oder werden könnten. Häufig betrachtete Gegenstandsbereiche sind die Unternehmensstruktur (z.B. Geschäftsbereiche, Organisationsstruktur, rechtliche Einheiten), die Produktstruktur (z.B. Produktfamilie, Produktgruppe, Artikel), die Regionalstruktur (z.B. Land, Gebiet, Bezirk), die Kundenstruktur (z.B. Kundengruppen), die Zeitstruktur (z.B. Monat, Quartal, Jahr, Geschäftsjahr), betriebswirtschaftliche Kenngrößen (z.B. Umsatz, Deckungsbeiträge, Gewinn) sowie deren Ausprägung (Plan, Ist, Soll, Abweichungen) (Mucksch et al. 1998, S. 40).

Transaktionsorientierte Daten (operative Daten)	**Entscheidungsorientierte Daten (Data Warehouse)**
• anwendungsorientiert	• themenorientiert
• detailliert	• aggregiert
• können aktualisiert werden	• werden nicht aktualisiert
• werden regelmäßig wiederholt benutzt	• werden unregelmäßig benutzt
• Verarbeitungsvorgänge /-mechanismen von vornherein bekannt	• Verarbeitungsvorgänge /-mechanismen nicht von vornherein bekannt
• System Development Lebenszyklus	• völlig anderer Lebenszyklus
• Performance gegenüber empfindlich	• Performance gegenüber weniger empfindlich
• Zugriffe jeweils auf eine Einheit	• Zugriffe jeweils auf eine Datenmenge
• getrieben durch Transaktionen	• getrieben durch Analysen
• Update-Kontrolle äußerst problematisch im Hinblick auf Eigentumsrecht	• Update-Kontrolle kein Problem
• hohe Verfügbarkeit	• weniger hohe Verfügbarkeit
• keine Redundanz	• Redundanz unabdingbar
• statische Struktur, Inhalte variabel	• flexible Struktur
• hohe Zugriffswahrscheinlichkeit	• geringe, mäßige Zugriffswahrscheinlichkeit

Abbildung 39: Vergleich von transaktions- und entscheidungsorientierten Datenbeständen

Integration

Das Data Warehouse-Konzept strebt eine unternehmensweite Integration von Daten in einem einheitlich gestalteten System an. Datenredundanzen und Inkonsistenzen in den operativen Datensystemen waren durch die zum Teil unabhängige Entwicklung der Systeme kaum vermeidbar. Die unternehmensweite Integration der Daten in ein Data Warehouse erfolgt über eine Struktur- und Formatvereinheitlichung bei der Datenübernahme (siehe Abbildung 40).

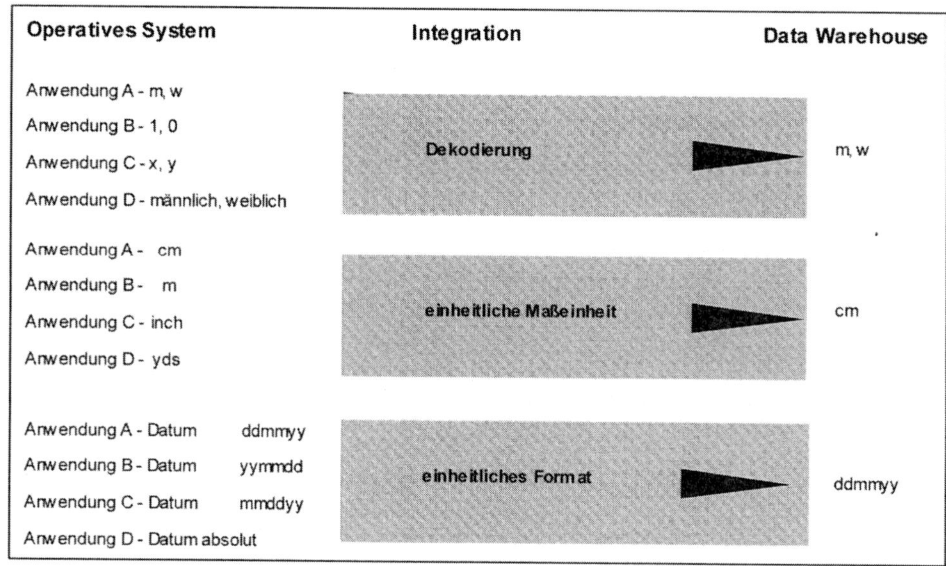

Abbildung 40: Datenintegration im Data Warehouse (Inmon 1996, S. 75)

Zusätzlich zu diesen Problemen der technischen Art können semantische Inkonsistenzen auftreten. Zur Herstellung der semantischen Integrität können Umsetzungstabellen angelegt werden, die beispielsweise das Angleichen international unterschiedlicher Kontenrahmen oder die Währungsumrechnung unterstützen (Mucksch et al. 1998, S. 42).

Nicht-Volatilität

Mit dem Begriff der Volatilität wird der Grad beschrieben, mit dem sich Daten im Laufe der normalen Nutzung ändern (Mucksch et al. 1998, S. 43). Um die Nicht-Volatilität der im Data Warehouse gespeicherten Daten sicherzustellen, erfolgen alle Datenzugriffe lesend. Im Gegensatz zu operativen Systemen (Daten werden über "delete", "update", "insert", "replace" oft geändert), sind die Datenmanipulationen im Data Warehouse weniger komplex. Es erfolgen im eigentlichen Sinne nur zwei Operationen auf die Daten (Inmon et al. 1994, S. 10):

- einmaliges Laden der Daten aus den operativen Systemen,

- Zugriff auf die Daten (mit read-only Option).

Die im Data Warehouse gespeicherten Daten werden nur in Ausnahmefällen aktualisiert oder verändert (z.B. wenn fehlerhafte Daten aus den operativen Systemen geladen wurden).

Zeitraumbezug Die zeitpunktgenaue Betrachtung von Daten, wie sie in operationalen Systemen vorgenommen wird, macht für ein System, das Informationen für Vergleiche und Trendanalysen liefert, wenig Sinn (Poe 1995, S. 4). Es werden Daten benötigt, die die Entwicklung des Unternehmens über einen bestimmten Zeitraum repräsentieren. Aus diesem Grund ist es auch wichtig, dass die im Data Warehouse gehaltenen Daten einen langen Zeithorizont berücksichtigen – fünf bis zehn Jahre, um beispielsweise Trendanalysen über historische Daten zu ermöglichen (Inmon 1996, S. 36).

Die aus einem Data Warehouse abgerufenen Daten entsprechen immer der Aktualität des letzten Snapshots der operativen Systeme, d.h. des letzten Ladevorgangs des Data Warehouses. Ein Ansatz zur Herstellung des Zeitraumbezugs ist die Einbindung des betrachteten Zeitraums (Tag, Woche, Monat) in die entsprechenden Schlüssel der Daten (Mucksch et al. 1998, S. 41).

3.1.1.2   Die Elemente eines Data Warehouses

Dieses Kapitel gibt einen Überblick über die in Abbildung 41 dargestellten Grundelemente eines Data Warehouses.

Datenquellen Grundsätzlich kann man im Rahmen der Datengewinnung zwischen unternehmensinternen und -externen Datenquellen unterscheiden.

- *Unternehmensinterne Datenquellen:* Interne Datenquellen werden zum überwiegenden Teil aus den operativen DV-Systemen gewonnen. Da die internen Daten oft in relationalen, hierarchischen, netzwerkartigen, multidimensionalen oder objektorientierten Datenbanken oder in Dateien vorliegen, spricht man auch von heterogenen internen Datenquellen (Kelly 1995, S. 32). Der Grund dafür liegt entweder im Gebrauch mehrerer Anwendungssysteme mit je einer eigenen Datenbank oder einfach in einer geographisch verteilten

Organisation des Unternehmens. Oft führen auch Unternehmensfusionen zu einer großen Anzahl an heterogenen Datenquellen.

Unternehmensexterne Datenquellen: Die meisten Unternehmen gründen ihr Data Warehouse auf Basis der intern existierenden Informationen, da diese bereits vorhanden und strukturiert sind. Erst danach wird über eine Integration der externen Daten nachgedacht (Schinzer 1997, S. 26). Viele Auswertungen und Analysen, die auf unternehmensinternen Daten basieren, erlangen jedoch erst durch den Vergleich mit unternehmensexternen Daten eine für den Entscheidungsträger signifikante Bedeutung (Mucksch et al. 1998, S. 58). Obwohl die externen Daten wesentlich aufwändiger zu beschaffen sind und häufig in unstrukturierter Form vorliegen, nimmt die wirtschaftliche Bedeutung dieser Daten immer mehr zu. Externe Daten, wie z.B. Konkurrenzdaten, Wirtschaftsdaten, demographische Daten, Verkaufs- und Marketingdaten und psychometrische Daten (Käuferprofile), lassen sich über Nachrichtendienste von Wirtschaftsverbänden, Markt-, Meinungs- und Trendforschungsinstitute, Medienanalytiker oder weltweite Netzwerke wie das Internet beschaffen.

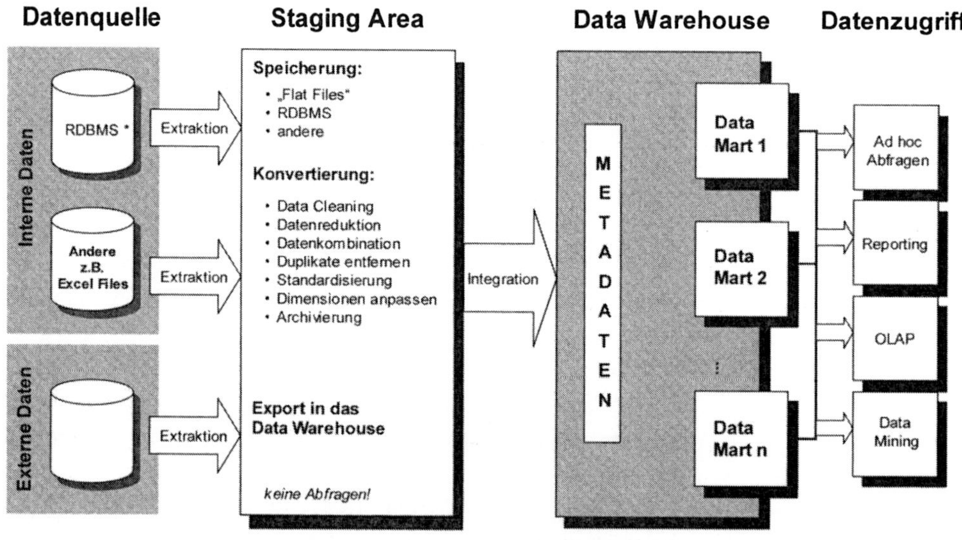

Abbildung 41: Die Elemente eines Data Warehouses (Kimball 1998, S. 15)

Staging Area   Unter einer Staging Area versteht man eine Anzahl an Prozessen, die Daten aus den unterschiedlichen Datenquellen zu extrahieren, zu transformieren und für die Nutzung im Data Warehouse vorzubereiten. Man darf die Staging Area jedoch nicht als einzelnes zentrales Speichermedium betrachten, viel wahrscheinlicher ist die Staging Area auf eine Anzahl unterschiedlicher Systeme verteilt (Kimball 1998, S. 16).

Man kann die Staging Area in die drei wesentliche Komponenten Monitor, Konverter und Integrator aufteilen.

- *Monitor.* Über die Monitore werden die Datenquellen auf Änderungsoperationen überwacht, um Aktualisierungs- bzw. Änderungsprozesse anzustoßen. Dabei ist zu beachten, dass die Datenquellen vollständig autonome DV-Systeme unterschiedlicher Hersteller sein können, die häufig keinerlei Kooperationen mit einem Data Warehouse-System vorsehen. Für die Sicherstellung des Datenübernahmeprozesses finden vier verschiedene Verfahren Verwendung: Trigger, Erweiterung der Anwendungsprogramme, Logfile-Auswertungen und Snapshot-Mechanismen. Die ersten beiden Verfahren dienen der sofortigen Aktualisierung der Data Warehouse-Datenbasis; mit Hilfe der dritten und vierten Alternative können Veränderungen zu bestimmten Zeitpunkten ausgelöst werden (Holthuis 1999, S. 93).

- *Konverter.* Der Konverter hat die Aufgabe, die über den Monitor erfassten Quelldaten in ein Format zu transformieren, um die Daten in das Data Warehouse integrieren zu können (Ballard 1998, S. 161). Diese Funktionalität ist vergleichbar mit einem Wrapper, der Anfragen des Data Warehouse-Systems in die Sprache der jeweiligen Datenquelle übersetzt und umgekehrt die Daten vom proprietären Quelldatenmodell in das Datenmodell des Data Warehouses transformiert. Konverter bieten eine einheitliche Schnittstelle zu den verschiedenen Datenquellen und kapseln die Eigenheiten der lokalen Anfrageverarbeitung. Für eine relationale Datenquelle werden beispielsweise die Anfragen des Data Warehouses in SQL-Code übersetzt oder für ein File System in Funktionsaufrufe des Application Programming Interface (API) umgewandelt (Tresch et al. 1997, S. 64).

- *Integrator.* Der Integrator übernimmt die vom Konverter vereinheitlichten Daten, stellt fest, welche Änderungen im Data Warehouse vorgenommen werden müssen und fügt sie in die Data Warehouse-Datenbasis ein. Hierfür bieten sich mehrere Methoden und Techniken an:

- Bei einem *Data Refresh* werden in bestimmten Abständen alle Daten neu in das Data Warehouse kopiert und das gesamte Data Warehouse wird neu berechnet, unabhängig davon, ob sich Daten geändert haben oder nicht. Dies ist die einfachste Methode eines Data Warehouse-Migrationsprozesses, ist jedoch für große Datenmengen ungeeignet und wird höchstens für ein erstes Laden des Data Warehouses und bei nicht zeitkritischen Applikationen verwendet (Tresch et al. 1997, S. 64).

- Alternativ versteht man unter *Data Update* einen Prozess, der Daten in vorher definierten Intervallen automatisiert in das Data Warehouse transportiert. Es werden nur noch die Daten übertragen, die sich seit dem letzten Update in der Quellumgebung geändert haben. Der Data Update-Prozess hat gerade bei großen Data Warehouses eine entscheidende Bedeutung, da in der Regel nur ein geringer Teil der Quelldaten übertragen werden muss und damit der Transport- und Ladeprozess weniger Zeit beansprucht (Kirchner 1998, S. 259).

- Darüber hinaus kann durch den Integrator eine Verdichtung der Daten erfolgen, was auch als *Data Reduction* bezeichnet wird. Dem steht jedoch eine Verschlechterung der Performance beim Transaktionsprozess gegenüber. Die Detaildaten müssen jedoch trotz einer Verdichtung erhalten bleiben, damit sie beispielsweise für Drill-Down Operationen bereitstehen (Holthuis 1999, S. 95).

Ein weiterer Bestandteil der Staging Area ist ein Archivierungssystem, das die Bereiche Datensicherung und Datenarchivierung sicherstellt. Die Datensicherung dient der Wiederherstellung des Data Warehouses im Falle eines Programm- oder Systemfehlers; die Notwendigkeit einer Datenarchivierung ist durch den Verdichtungsprozess der Daten im Data Warehouse begründet (Mucksch et al. 1998, S. 61).

Abschließend ist anzumerken, dass die Gestaltung der Prozesse im Staging Area die schwierigste und zeitintensivste Aufgabe in einem Data Warehouse Projekt darstellt (Adamson et al. 1998, S. 157).

**Data Ware-
house und
Data Mart**

Die Meinungen und Vorstellungen, wie ein Data Warehouse zu bauen ist und welche Rolle Data Marts zukommt, gehen bisweilen sehr auseinander. Unter einem Data Mart versteht man eine logische themenspezifische oder abteilungsspezifische Teilmenge eines Data Warehouses. Ein Data Warehouse setzt sich aus der Vereinigung aller Data Marts zusammen (Kimball 1998, S. 18). Im Folgenden soll anhand von drei Ansätzen die verschiedenen Rollen von Data Marts im Data Warehouse vorgestellt werden.

Top Down

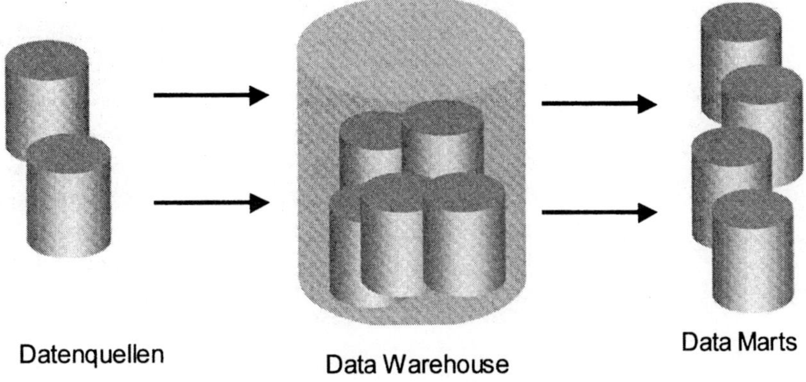

Abbildung 42: Top Down Implementation

Ansatz 1: Top Down Implementation

Für zentral organisierte Unternehmen bietet sich die Einrichtung eines zentralen Data Warehouses an, in dem sich alle unternehmensrelevanten dispositiven Daten befinden.

Dieser Ansatz resultiert in konsistenten Datendefinitionen und in unternehmensweit geltenden Geschäftsregeln. Da die Data Marts direkt aus dem zentralen Data Warehouse gespeist werden, können die ersten Data Marts in den verschiedenen Fachabteilungen erst dann entstehen, wenn das zentrale Data Warehouse vollendet und mit Daten gefüllt ist. Die Data Marts werden dann aus Gründen der Performance und Übersichtlichkeit in die Fachabteilungen ausgelagert und redundant gehalten. Dieser Ansatz ist jedoch nicht sehr erfolgreich, da eine zufriedenstellende unternehmensweite Datenmodellierung schwer zu realisieren ist. Versucht man dennoch, ein solches Datenmodell aufzubauen, so mündet dies in ein langwieriges und kostspieliges Projekt, bei dem kurz- und mittelfristig keine Ergebnisse sichtbar werden (Martin 1998, S. 73). Dieser Ansatz ist auch mit dem Risiko behaftet, dass diese Modelle nach langwieriger Datenmodellierung aufgrund geänderter Geschäftsprozesse einer ständiger Neuanpassung bzw. Neumodellierung ausgesetzt sein können.

Ansatz 2: Bottom Up Implementation

Der Bottom Up Ansatz ermöglicht die Planung und Inbetriebnahme von einzelnen Data Marts, ohne dass eine unternehmensweite Infrastruktur entwickelt worden ist. Im Gegensatz zum Top Down Ansatz besteht die Möglichkeit, Data Marts vorher oder zeitgleich zur Entwicklung eines unternehmensweiten Data Warehouse zu realisieren (Ballard 1998, S. 20). Dieser Ansatz ist deutlich verbreiteter als der Top Down Ansatz, da innerhalb kürzester Zeit Ergebnisse sichtbar sind und das mit ungleich geringeren Kosten. Werden die einzelnen Data Marts jedoch nicht sorgfältig aufeinander abgestimmt und geplant, entstehen nicht selten Insellösungen. Durch die unabhängige Entwicklung der einzelnen Data Marts kann es zu redundanter Datenhaltung und zu Inkonsistenzen kommen, die eine Zusammenführung der einzelnen Data Marts in ein unternehmensweites Data Warehouse erschweren. Einheitliche Kennzahlen und eine unternehmensweite Vergleichbarkeit sind dann nicht mehr gewährleistet (Degen 1998, S. 95).

Bottom Up

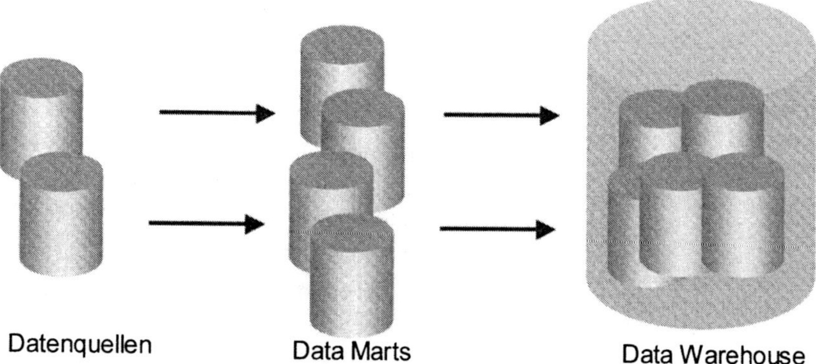

Abbildung 43: Bottom Up Implementation

Beide Ansätze, sowohl der Top Down- als auch der Bottom Up-Ansatz, sind in der Art nicht zufriedenstellend durchführbar. Eine geeignete Mischung der beiden Ansätze ist dagegen der skalierte Data Mart – eine neue Methode für den Bau eines unternehmensweiten Data Warehouse.

Ansatz 3: Skalierbarer Data Mart

Das Design des Data Warehouses muss sich veränderten Geschäftsprozessen und damit auch veränderten Datenstrukturen anpassen können und sollte in der Lage sein, mit dem Unternehmen zu wachsen und sich zu verändern. Unter Skalierbarkeit wird die Fähigkeit eines Systems verstanden, inkrementell zu wachsen, wobei die einzelnen skalierbaren Komponenten sowohl Hard- und Softwaretechnologien als auch Entwurfs- und Implementierungstechniken umfassen (Degen 1998, S. 96).

Skalierbare Data Marts zielen auf eine Gesamtlösung im Sinne eines unternehmensweiten Data Warehouses ab, gestatten jedoch eine "Step-by-Step"-Implementierung einzelner Themenbereiche. Um sicherzustellen, dass in Zukunft weitere Themenbereiche (Data Marts) zu einem ersten Themenbereich hinzugefügt werden können, muss ein logisches Datenbank-Design erstellt werden, welches skizzenhaft alle relevanten Themenbereiche des gesamten Unternehmens enthält. Für die Abbildung einzelner Themenbereiche haben sich Star- und Snowflake-Schemata zum De-Facto-Standard entwickelt (Degen 1998, S. 100).

Die Implementierung des Data Warehouses läuft in folgenden Schritten ab:

1. In einem ersten Schritt werden die Daten detailliert aus den operativen Systemen für den ersten Themenbereich in das Data Warehouse geladen und von dort aggregiert in den angeschlossenen Data Mart weitergeleitet. Das Data Warehouse enthält zum jetzigen Zeitpunkt nur Informationen zu einem einzigen Themenbereich. Data Warehouse und Data Mart residieren dabei auf derselben Plattform, sowohl auf der Hardware- als auch der Softwareseite.

2. Wächst nun das "Mini"-Data Warehouse und kommen weitere Themenbereiche hinzu, erhält das Data Warehouse in einem zweiten Schritt eine eigene Stufe und eine größere und skalierbare Plattform.

Die Konstruktion der abhängigen Data Marts verschafft dem Unternehmen eine gemeinsame Informationsbasis (Degen 1998, S. 102). Abbildung 44 fasst die zwei Schritte des skalierbaren Data Marts noch einmal zusammen.

1. Schritt: Data Mart und Data Warehouse – eine Plattform, eine Datenbank

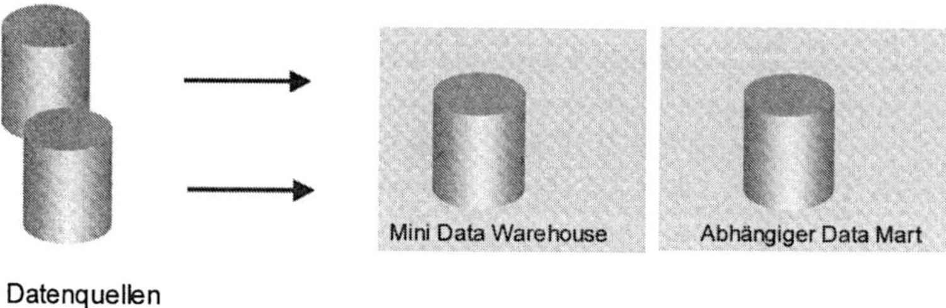

2. Schritt: Data Warehouse erhält eine eigene Stufe

Abbildung 44: Von der zweistufigen zur dreistufigen Architektur

Metadaten

Einfach ausgedrückt sind Metadaten Daten über Daten. Metadaten sind in allen Data Warehouse-Umgebungen und den immer komplexer werdenden Datenbankstrukturen von absoluter Notwendigkeit (Clausen 1998, S. 48). Metadaten umfassen den gesamten Architekturkomplex eines Data Warehouses und enthalten zumindest folgende drei Arten von Daten (Hummeltenberg 1998, S. 58):

- Daten für die Generierung des Data Warehouses, z.B. Datenquellen, Speichermedium, Speicherort, Datenstruktur, Generierungszeitpunkt.

- Kontrolldaten, z.B. letzter Aktualisierungszeitpunkt, Gültigkeitsdauer, Zugriffsrechte, Anwendungen.

- Anwenderinformationen für die Nutzung des Data Warehouses, z.B. Datenstruktur im Data Warehouse, Semantik der Daten, Integritätsbedingungen, logische Beziehungen zwischen den Daten, Berechnungsregeln.

Die aus den Transformations- und Extraktionsprozessen der Staging Area resultierenden Regeln, Zuordnungen und Definitionen sind Grundlage für die Metadaten.

Die momentane Integration von Metadaten ist derzeit noch nicht ausreichend komfortabel realisiert. Ein Grund hierfür sind fehlende Metadaten-Standards, die einen Austausch von Metadaten zwischen den verschiedenen im Data Warehouse eingesetzten Softwareprodukten erschweren. Die Herausforderung einer Metadaten-Standardisierung liegt vor allem in den beiden Bereichen Metadaten-Administration und Metadaten-Klassifikation. Ziel der Metadaten-Administration ist eine einheitliche Definition der Metadaten innerhalb eines Data Warehouses, wie z.B. einheitliche standardisierte Bezeichnungen für einzelne Elemente der Metadaten. Die Metadaten-Klassifikation versucht die Unmengen an Metadaten zu klassifizieren und die Beziehungen zwischen den verschiedenen Klassen zu definieren (Gardner 1997, S. 61).

Datenzugriff

Zum Abruf der Daten aus dem Data Warehouse sind auf der Anwenderseite alle Report-Writer oder Endbenutzer-Front Ends, wie z.B. Microsoft Excel, denkbar. Darüber hinaus existieren eine Anzahl spezieller Entscheidungsunterstützungs-Werkzeuge, einzuordnen in die Segmente

- Data Mining (siehe Kapitel 3.1.2) und

- Online Analytical Processing (OLAP).

OLAP

Die Forderung nach Ad hoc-Analysen mit ständig wechselnden Datensichten führte dazu, den Datenbestand in eine multidimensionale Struktur zu transferieren. Die freie Navigation innerhalb eines solchen Datenwürfels ist durch Unterstützung des OLAP möglich. OLAP ist eine Software-Technologie, die es Endanwendern ermöglicht, schnell und interaktiv auf relevante und konsistente Informationen zurückzugreifen.

OLAP und Data Warehouse verstehen sich als zwei ergänzende, nicht aber konkurrierende Größen im Umfeld entscheidungsunterstützender Systeme (Kirchner 1998, S. 153). Während mit OLAP ein funktionaler Forderungskatalog angeboten wird, der eher die analytischen Aufgaben auf der Front End-Seite (Zugriffsmöglichkeiten) in den Vordergrund rückt, sind es beim breiter angelegten, das gesamte betriebliche Berichtswesen umfassenden Data Warehouse-Ansatz primär die organisatorischen und technischen Implikationen auf der Back End-Seite (Homogenisierung und Verwaltung umfangreicher Datenbestände), auf denen der Schwerpunkt liegt (Chamoni et al. 1998, S. 403).

Product	Market	Time	Units
Camera	Boston	Q1	1200
Camera	Boston	Q2	1500
Camera	Boston	Q3	1800
Camera	Boston	Q4	2100
Camera	Seattle	Q1	1000
Camera	Seattle	Q2	1000
...	...	...	...
Tuner	Denver	Q1	250
Tuner	Denver	Q2	250

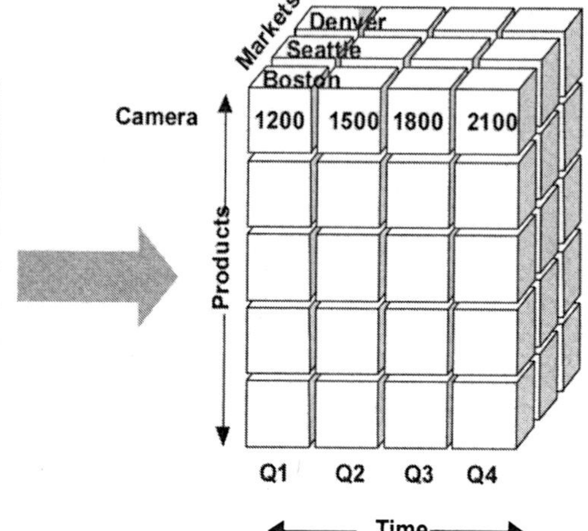

Abbildung 45: Vergleich zwischen relationaler Tabelle
und OLAP-Hypercube (Berson et al. 1997, S. 249)

OLAP-Technologien können durch ihre multidimensionale Sichtweise auf die Daten die reale mehrdimensionale Welt eines Unternehmens wiedergeben, wohingegen relationale Datenstrukturen die Kennzahlen eines Unternehmens mittels flacher, zweidimensionaler Tabellen nur bedingt abbilden können. Abbildung 45 zeigt die Speicherungsart von OLAP entlang der Dimensionen, die man auch als Hypercube bezeichnet.

Der Begriff Online Analytical Processing ist von Edgar F. Codd, einem der geistigen Urväter der relationalen Datenbanken, geprägt und beschrieben worden. Codd formulierte 1993 zwölf Evaluationsregeln, die bei Erfüllung die OLAP-Fähigkeit der Informationssysteme garantieren soll; 1995 erweiterte Codd seine ursprünglichen zwölf Regeln um sechs zusätzliche Regeln, um den bis dahin gewachsenen Anforderungen Rechnung zu tragen (die achtzehn Regeln sind u.a. in (Clausen 1998, S. 11 ff.) nachzulesen). Zusätzlich wurden weitere Regeln generiert, die auf die Anforderungen, denen analytische Systeme heute genügen müssen, zurückzuführen sind.

Aufgrund dieser Flut an OLAP-Kriterien wurden neue Akronyme kreiert, mit dem Anspruch, OLAP besser und prägnanter umschreiben zu können. Hervorzuheben ist der FASMI-Ansatz von Pendse und Creeth (Pendse et al. 1995). Die FASMI-Definition beschreibt OLAP in fünf Schlüsselwörtern: Fast Analysis of Shared Multidimensional Information und wird im Folgenden kurz erläutert (Clausen 1998, S. 14):

Fast – Die Antwortzeiten des Systems sollen für einfache Anfragen fünf Sekunden nicht überschreiten; komplexere Anfragen sollen nach spätestens 20 Sekunden beantwortet werden.

Analysis – Analysis steht für einfache und vielseitige Analysemöglichkeiten. Die Analyse soll intuitiv und anwenderfreundlich gestaltet sein und die Möglichkeit von Zeitreihenbetrachtungen, Planungsszenarien, Zielwertanalysen und Ad hoc-Aggregationen vorsehen.

Shared – Die Datenbestände sollen im gemeinsamen Zugriff für mehrere Benutzer verfügbar sein. Shared fordert die Analyse und Eingabe unterschiedlicher Anwendergruppen mit unterschiedlichen Rechten (reiner Lese- bzw. Lese- und Schreibzugriff) sowie die damit verbundenen Sicherheitsmaßnahmen.

Multidimensional – Die Multidimensionalität stellt das Schlüsselkriterium dar, da die logische Sichtweise von Unternehmen durch Dimensionen und deren Hierarchisierungen am besten präsentiert und analysiert werden können.

Information – OLAP-Datenbanken besitzen die Fähigkeit, aus Daten Informationen zu erzeugen. Information behandelt die Problemstellung, wie viele Daten in einer multidimensionalen Datenstruktur bereitgestellt werden müssen, um daraus Informationen abzuleiten.

3.1.1.4   Rahmenbedingungen für erfolgreiches Data Warehousing

Vorgehensweise bei der Entwicklung eines Data Warehouses

Es gibt ein paar klassische Regeln für die Vorgehensweise in Data Warehouse Projekten:

- Da sich Synergieeffekte von Data Warehouse Systemen, deren Infrastruktur und Aufbau in der Regel mehrere Millionen DM kostet, erst durch Folgeanwendungen bzw. dem Ausbau des Systems einstellen, ist für die „erste" Anwendung ein *Mäzen oder Sponsor /-team* unerlässlich. Der Sponsor sorgt für die notwendige Priorisierung im Unternehmen und wirbt intern für das Data Warehouse, sodass mit dem Ausbau des Systems die getätigten Investitionen geschützt werden.

- Um die Gefahr des Scheiterns zu verringern, muss Wert darauf gelegt werden, *schnelle Ergebnisse* zu liefern. Ergebnisse helfen dabei, die geleistete Arbeit in der Praxis zu testen und man verhindert dadurch jahrelanges Arbeiten mit unklarem Ausgang. Darüber hinaus versetzt diese Vorgehensweise den Nutzer des Systems sehr schnell in die Lage, Ergebnisse zu erzielen, auch wenn diese zu Beginn auf einem eingeschränkten Informationsspektrum beruhen. Hierfür hat sich die Phrase „think big start small" etabliert. Doch das ist leichter gesagt als getan. In der Praxis wird versucht, diesem Ansatz entweder mit Prototypen oder in Form von Stufenprojekten, die logisch in sich stimmige Teilergebnisse in Produktion bringen, gerecht zu werden.

- Um die Akzeptanz der späteren Nutzer zu erlangen, ist deren Mitarbeit bei der Realisierung unverzichtbar. Es ist von entscheidender Bedeutung, dass der Aufbau eines Data Warehouses lediglich ein Realisierungsweg und nicht das alleinige Ziel eines Projekts ist, da solche „IT-getriebenen" Projekte in der Regel vom Fachbereich weder finanziell noch vom Ergebnis her akzeptiert werden. Die notwendige Akzeptanz kann nur erreicht werden, wenn die Fachbereichsmitarbeiter in die Konzeption des Data Warehouses über ein fachliches Projekt, wie z.B. ein Database Marketing Projekt, mit einbezogen werden und so das angewendete Stufenmodell mitentwickeln. So lässt sich verhindern, dass das Zusammentreffen von zu großen Erwartungen mit den Ergebnissen einer „ersten Stufe" den Erfolg des Gesamtergebnisses in Frage stellen.

Abbildung 46 veranschaulicht die Vorgehensweise bzw. das Stufenkonzept eines Database Marketing Projekts. Entscheidend hierbei ist die vertikale Vorgehensweise, die es erlaubt, durch die Beantwortung weniger Fragestellungen und dem damit eingeschränkten Informationsbedarf sukzessive ein Data Warehouse aufzubauen. Weiter erfordert dieser Ansatz, dass der Nutzer des Systems sich bereits zu Beginn des Projektes konkrete Gedanken darüber machen muss, was er will und was er dazu benötigt.

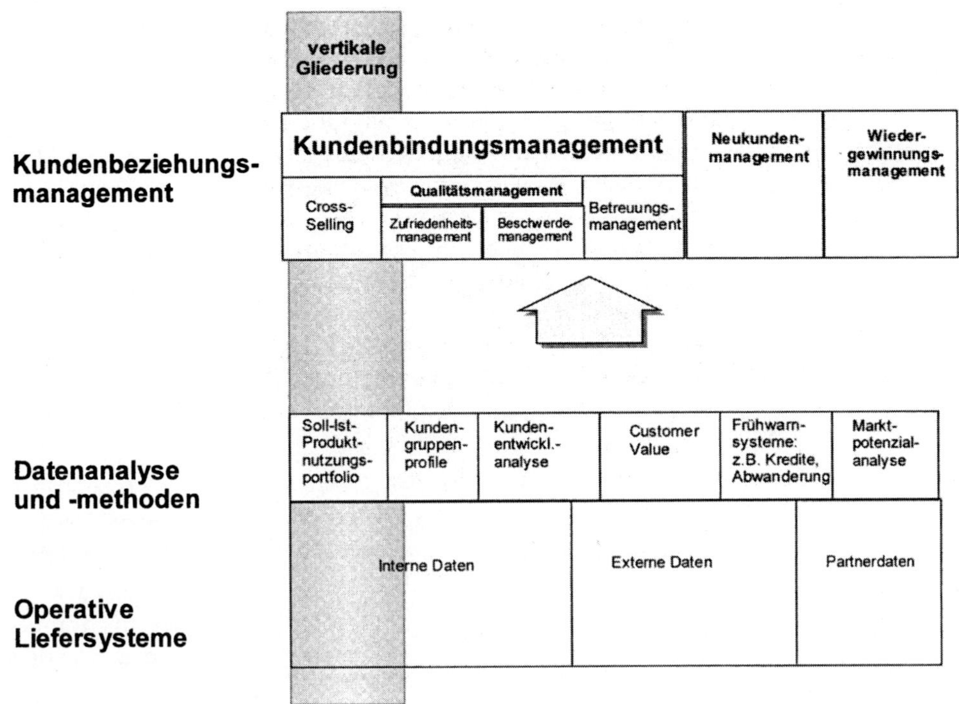

Abbildung 46: Bildung von Teilprojekten durch "vertikale Schnitte"

Aktualität als Schlüssel zum Erfolg (Data Warehouse Performance)

Data Warehouse Performance wird spätestens dann ein Thema, wenn die gespeicherten Datenmengen im Data Warehouse so groß werden, dass eine zumutbare Antwortzeit einer einfachen Abfrage nicht mehr gewährleistet ist. Da Data Warehouse Datenbanken bis zu mehreren Terabyte groß sind, sollten bereits bei der Planung eines Data Warehouses performancerelevante Aktionen eingeleitet werden, um diese Datenmengen noch angemessen bewältigen zu können.

Verschiedene Ansätze, die Data Warehouse Performance zu verbessern, sollen im Weiteren vorgestellt werden. Ausgegangen wird dabei von einem relationalen Datenbankmanagementsystem, auf dem das Data Warehouse basiert.

Granularität

Granularität beschreibt den Detaillierungsgrad von Daten, wobei sehr detaillierte Daten eine niedrige Granularität besitzen. Mit zunehmender Verdichtung der Daten wird eine höhere Granularität erreicht (Inmon 1996, S. 45). Aus DV-technischer Sicht ist eine möglichst hohe Granularität vorteilhaft, da mit steigendem Verdichtungsgrad das Datenvolumen und somit die zur Datenmanipulation benötigten Ressourcen abnehmen. Aus datenanalytischer Sicht ist eine niedrige Granularität vorteilhaft, da sie die Möglichkeit sehr detaillierter Auswertungen und Analysen bietet (Mucksch et al. 1998, S. 50). Dieser Granularitätskonflikt kann durch eine mehrstufige Granularität gelöst werden, indem mit zunehmenden Alter der Daten die Datenverdichtung zunimmt. Zur Erreichung der mehrstufigen Granularität verwendet man die sogenannte „rollende Summierung". Hierbei werden beispielsweise zum Wochenende die Daten der einzelnen Tage auf Wochenebene, zum Monatsende die Wochendaten auf Monatsebene und zum Jahresende die Monatsdaten auf Jahresebene verdichtet (Inmon 1996, S. 62). Der Einsatz der mehrstufigen Granularität gewährleistet eine schnellere Verarbeitung der benötigten Auswertungen, da Abfragen auf Tabellen mit höherem Granularitätsgrad schneller ausgeführt werden als Abfragen auf Tabellen mit niedrigerem Granularitätsgrad, da weitaus weniger Datensätze zu verarbeiten sind.

Denormalisierung   Liegen die Datenquellen in Form einer relationalen Datenbank vor, so sind diese in der Regel in der zweiten oder dritten Normalform implementiert, um referenzielle Integrität und Datenkonsistenz zu gewährleisten (zu Relationentheorie und Normalformen siehe auch (Vossen 1994, S. 249 ff.)). Werden die Daten aus den operativen Systemen in das Data Warehouse überführt, so werden die Daten denormalisiert. Die Daten liegen nun nicht mehr in zweiter oder dritter Normalform vor, d.h. die Regeln der Relationentheorie werden durch die Denormalisierung rückgängig gemacht.

Die Hauptgründe für eine Denormalisierung der Daten im Data Warehouse sind

- eine reduzierte Anzahl von Joins, die im Rahmen einer Abfrage anfallen, um dadurch ein verbessertes Antwortzeitverhalten zu erreichen, und

- eine Modellierung der physischen Datenbankstruktur entsprechend dem logischen Abfrageverhalten der Endanwender, um so durch gemeinsame Zugriffspfade die Anzahl der Datenbankzugriffe zu reduzieren (Poe 1995, S. 139).

Für die verbesserte Performance wird ein Anstieg des Speicherplatzbedarfes der denormalisierten Daten – bedingt durch die Entstehung von Redundanzen – sowie ein erhöhter Aufwand zur Erhaltung der referenziellen Integrität und Datenkonsistenz in Kauf genommen (Bischoff 1994, S. 31). Eine konkrete Form denormalisierter Strukturen ist das sogenannte Star-Schema, durch welches die Daten in einer mehrdimensionalen Form gespeichert werden.

Partitionierung

Die Partitionierung von Datenbeständen ist ein weiteres Gestaltungsmerkmal im Data Warehouse-Konzept, mit dem die Verarbeitungseffizienz entscheidend beeinflusst werden kann. Bei der Durchführung der Partitionierung wird der gesamte Datenbestand der Data Warehouse-Datenbasis in mehrere kleine, physisch selbständige Partitionen mit redundanzfreien Datenbeständen aufgeteilt (Holthuis 1999, S. 85). In einem Data Warehouse empfiehlt sich die Partitionierung nach dem Datum, indem die Datenbasis in einzelne Fragmente nach Monat, Quartal oder Jahr aufgeteilt wird (Kimball 1998, S. 598).

Mit der Partitionierung lassen sich verschiedene Ziele erreichen (Koch et al. 1997, S. 444):

- Die Performance der Abfragen gegen die Tabellen kann sich verbessern, da unter Umständen nur eine Partition und nicht eine gesamte Tabelle durchsucht werden muss.

- Die Tabellen sind unter Umständen einfacher zu verwalten. Da die partitionierten Daten einer Tabelle in mehreren kleineren Tabellen hinterlegt sind, können die Daten in den Partitionen sehr viel einfacher geladen und gewartet werden, als wenn sie sich in einer großen Tabelle befänden.

- Operationen wie Backup oder Recovery können schneller ausgeführt werden.

Parallelverarbeitung

Die Parallelverarbeitung umfasst die Aufspaltung komplexer Abfragen (Tasks) in mehrere Untereinheiten (Subtasks), die von mehreren Prozessoren parallel bearbeitet und danach wieder zusammengefügt werden (Schinzer 1997, S. 32). Um die Vorteile der Parallelverarbeitung nutzen zu können, muss ein Rechner mehr als einen Prozessor besitzen. Mit dem Aufkommen größerer und leistungsfähigerer Rechner sind Multiprozessorrechner erschienen, wie z.B. Symmetric-Multiprocessing-Systeme (SMP) oder Massively Parallel Processing-Systeme (MPP), die die Möglichkeit paralleler Abfragen bieten.

Parallele Technologien werden häufig als Mittel zur Minderung von Performanceproblemen in Data Warehouses genannt und können z.B. bei folgenden Operationen zeitsparend angewandt werden (Abbey et al. 1998, S. 344):

- Verarbeitungen von Abfragen auf sehr großen Tabellen (> 1.000.000 Zeilen),

- Joins zwischen mehreren sehr großen Tabellen,

- Populationen von Tabellen,

- Verarbeitungen von Abfragen, bei denen sich die Daten in vielen Dateien auf vielen verschiedenen Platten befinden, und

- Index-Erstellungen.

Oftmals sind parallele Lösungen jedoch schwer skalierbar, entweder weil die Abfrage nicht in eine willkürliche Anzahl von Teilen zerlegbar ist oder weil die parallelen Prozesse miteinander koordiniert werden müssen. Aufgrund der Komplexität besteht bei größeren parallelen Systemen die Gefahr einer geringeren Zuverlässigkeit sowie einer höheren Anfälligkeit für Systemzusammenbrüche. Daher sollten parallele Technologien nur dann eingesetzt werden, wenn die auszuführende Aufgabe auch davon profitiert (Holthuis 1999, S. 209).

Indizierung   Jeder Datensatz ist innerhalb der Datenbank mit einer eindeutigen, logischen Adresse, der sogenannten ROWID, versehen. Anhand dieser ROWID kann ein Datensatz direkt angesprochen werden. Ein Tabellenindex ist ein Datenbankobjekt, mit dessen Hilfe die einzelnen Datensätze über ihre ROWID's sehr viel schneller gefunden werden können, d.h. die Antwortzeit einer SQL-Abfrage wird sich verkürzen. Diese Tabellen-Indizes, auch B-Tree-Indizes genannt, beinhalten eine Liste von Einträgen, wobei jeder Eintrag eine ROWID und einen Schlüsselwert besitzt Der Schlüsselwert kann ein Spaltenwert oder die Kombination von Spaltenwerten sein (verketteter Index). Die ROWID's verweisen auf die Datensätze, die diesen Schlüsselwert in der entsprechenden indizierten Spalte aufweisen. B-Tree-Indizes werden für Attribute mit einer relativ geringen Häufigkeit im Datenbestand eingesetzt (Koch et al. 1997, S. 483).

Hat man Attribute mit größerer Häufigkeit, wie in den meisten Data Warehouse-Umgebungen, so sollte eine schnellere Alternative bevorzugt werden, der sogenannte Bitmap-Index. Dieser Indextyp wurde speziell für Data Warehouse Umgebungen entworfen und enthält anstatt einer Liste von ROWID's sogenannte Bitlisten. Für jeden Attributwert wird eine Bitliste angelegt, die so viele Positionen enthält, wie es Tupel in der Tabelle gibt. Bitmap-Indizes allein sind noch nicht wesentlich performanter als B-Tree-Indizes. Der eigentliche Vorteil liegt bei komplexeren Selektionen mit logischen Verknüpfungen, wie z.B. AND, OR, NOT und COUNT (Holthuis 1999, S. 207). Eine Integration von Bitmap-Technologien ist jedoch nur dann sinnvoll, wenn ein System nicht ständigen Strukturveränderungen unterliegt, da für jeden neuen Attributwert ein neuer Bitmap-Index erstellt werden muss. Ansonsten wären die zusätzlichen Kosten für Pflege und Reorganisation der Bitmaps, die bei der Ausführung der Datenmanipulationsbefehle anfallen, zu hoch.

Betrieb von Data Warehouse Systemen

Der Aufwand für den Betrieb eines Data Warehouses wird in der Regel beim Aufbau eines Data Warehouses immer unterschätzt bzw. im Vorfeld nicht ausreichend berücksichtigt. Ein gut funktionierendes Data Warehouse macht Appetit auf mehr, d.h. auf die Anbindung weiterer Themenbereiche und damit weiterer Systeme. Die Kernthese beim Aufbau eines Data Warehouses „think big start small" lässt sich bei laufenden Betrieb nicht so einfach umsetzen, da mit Produktivsetzung des ersten Themenkomplexes bereits der komplette laufende Betrieb gewährleistet werden muss. Ein „small" gibt es hier nicht und das Team, das sich mit der Weiterentwicklung beschäftigen müsste, muss nun zusätzlich auch den laufenden Betrieb sicherstellen. Während anfangs vielleicht nur einmal pro Monat eine Datenübernahme erfolgen muss, die noch manuell angestoßen werden kann, expandiert die Anwendung und damit der Aufwand zusehens. Plötzlich müssen Hunderte Tabellen pro Nacht übernommen werden. Die Zeiträume zwischen Datenbereitstellung im Quellsystem und Datenbereitstellung im Zielsystem werden immer kleiner. Eine manuelle Prüfung der übernommenen Daten ist nicht mehr möglich.

Um die Auswirkungen dieses Problems so gering wie möglich zu halten, sind die Themen

- Auswahl von geeigneten ETL-Werkzeugen (Extraction, Transformation, Load),

- Qualitätssicherung und

- Automatisierung und Parallelisierung von Abläufen

von entscheidender Bedeutung für den laufenden Betrieb und damit letztlich für den Erfolg des Gesamtsystems, da die geforderten SLA's (Service Level Agreements), d.h. die Lieferung von Informationen

- zum richtigen Zeitpunkt,

- in der erwarteten Qualität,

- am richtigen Ort und

- in der geforderten Art und Weise

vom ersten Tag an erfüllt werden müssen.

Auswahl von geeigneten ETL-Werkzeugen

Bei der Auswahl von ETL-Werkzeugen sollte man auf folgende Punkte besonders Wert legen:

- Plattformunabhängiger direkter (nativer) Zugriff (Quell- und Zielsystem) auf alle gängigen Datenbanksysteme sowie sonstige Datenbestände (Txt-Files, MS Excel etc.).

- Integrationsfähigkeit in die bestehende, beliebig skalierbare Systemlandschaft.

- Konformität zu den bestehenden IT-Security-Richtlinien. Hierzu zählen Anforderungen an die Versionsführung, Programmabgabeverfahren, physische Trennung von Entwicklungs-, Test- und Produktionsumgebung etc.

- Repository-Fähigkeit für eine durchgängige Metadatenbeschreibungen von den Quell- zu den Zielsystemen.

- Scheduling-Fähigkeit für automatisiertes Processing.

Qualitätssicherung (QS) als wesentlicher Erfolgsfaktor

Das entscheidende Merkmal eines Data Warehouses ist die Glaubwürdigkeit der bereitgestellten Daten. Um diesem Sachverhalt Rechnung zu tragen, ist der Aufbau eines Qualitätsmanagements innerhalb der Data Warehouse Anwendung notwendig. Dieses QS-System geht über die normalen Prüfungen, die innerhalb der Transformationsebene (zwischen operativen Daten und Data Warehouse) realisiert wurden, hinaus. Es ergänzt diese Transformationsebene (Konverter) in zwei Richtungen:

- Während bei der Datenübernahme in der Regel nur relativ einfache Prüfungen Datenzeile für Datenzeile durchgeführt werden können (wie z.B. einfache Prüfungen auf numeri-

schen Inhalt, die Gültigkeit von Werten, Abhängig-
keiten/Zusammenhänge innerhalb von Datenzeilen etc.),
werden innerhalb dieses Systems nach Durchführung der
Komplettübernahme komplexe Prüfungen über Tabellen und
Sachverhalte hinweg durchgeführt.

- Nach Abschluss der Prüfung werden Protokolle erstellt, die
  dem für die Übernahme verantwortlichen Mitarbeiter den aktuellen Qualitätszustand der Daten mitteilen.

Qualitätssicherung im Data Warehouse

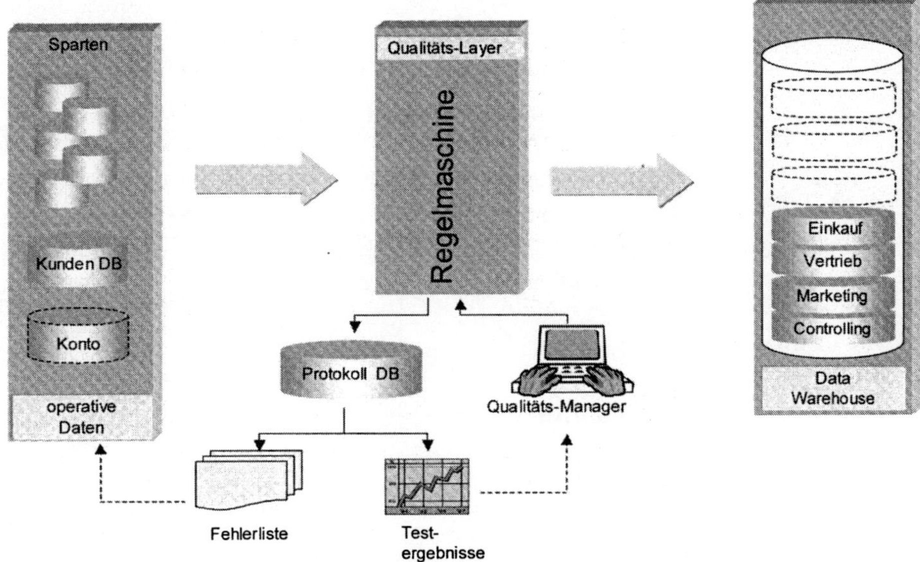

Abbildung 47: Grafische Darstellung eines Qualitätsmanagement-
Systems

Dieser Qualitätsmanager leitet unter Umständen erforderliche
Maßnahmen sofort ein, wie z.B.

- Wiederanlauf von abgebrochenen Übernahmejobs,

- Weiterleitung von Fehlerprotokollen an die Administratoren
  der Operativsysteme und

- Aufnahme neuer Regeln in das Qualitätssicherungssystem.

Automatisierung / Parallelisierung von Abläufen

Die manuelle Bedienung eines Data Warehouse Systems ist mit stetig wachsenden Anforderungen seitens der Fachbereiche nicht mehr möglich. Auch die Verkürzung der Bereitstellungszeiten macht es notwendig, dass die Prozesse der Datenübernahme maschinell gesteuert und überwacht werden. Hierfür müssen sogenannte Scheduling-Systeme eingesetzt werden. Diese Systeme ermöglichen es dem Administrator, Abhängigkeiten und ggf. Ausweichszenarien zu definieren, die dann termin- oder ereignisgesteuert ablaufen. Innerhalb dieser Systeme werden ebenfalls die vorher beschriebenen Qualitätssicherungsroutinen hinterlegt, die im Anschluss an die Datenübernahme anlaufen und den zuständigen Qualitätsmanager über die durchgeführte Übernahme bzw. die Qualität der bereitgestellten Daten informieren.

Da diese QS-Maßnahmen ebenfalls Zeit benötigen und die zur Verfügung stehende Zeit begrenzt ist, muss das Scheduling-System bzw. die genutzte Hardware in der Lage sein, voneinander unabhängige Prozesse parallel zu starten bzw. zu verarbeiten. Hierbei ist besonders bei großen bzw. international operierenden Unternehmen darauf zu achten, dass diese Jobsteuerung über Zeitzonen und verschiedene Architekturen hinweg funktionieren muss.

3.1.2   Datenaufbereitung und -analyse

Die zunehmende Bedeutung von Data Mining ist im Wesentlichen durch die exponentielle Leistungssteigerung in der Informationstechnologie geprägt. Einhergehend mit immer effizienteren Data Mining Algorithmen ist es heute möglich, mehrere Gigabyte große Tabellen innerhalb weniger Minuten zu verarbeiten. Die nahezu vollständige Digitalisierung sämtlicher Geschäftsprozesse lässt gerade im CRM die Datenvolumina in Dimensionen schnellen, wo ohne den Einsatz von Data Mining eine effiziente und mehrwertige Verarbeitung dieser Daten nicht mehr möglich wäre.

Erfolgreiches Kundenbeziehungsmanagement setzt einen permanenten Anpassungs- und Lernprozess an die sich ständig verändernden Bedürfnisse und Lebensumstände der Kunden voraus. Dabei sind die unterschiedlichen Bedürfnisse zu antizipieren, um proaktiv mit den Kunden in einen Dialog treten zu können (Berry et al. 2000, S. 14). Data Mining ist als die Schlüsseltechnologie innerhalb der CRM-Prozesse zu betrachten und stellt durch die bereitgestellten Analysen über Kundensegmentierungen oder Kundenbedürfnisse die Ausgangsbasis für ein Großteil der Kundeninteraktionen dar.

Obwohl Data Warehousing für die Anwendung von Data Mining eine Erleichterung darstellt, da sämtliche kundenrelevanten Daten aus den verschiedensten IT-Applikationen in einer einheitlichen Datenbasis vorliegen, werden an die Datenaufbereitung innerhalb des Data Mining Prozesses andere Anforderungen gestellt. Das Ziel der Datenaufbereitung ist die Bereitstellung von Datenstrukturen entsprechend den methodischen Anforderungen der verschiedenen Data Mining Algorithmen. Daher unterscheiden sich die Ziele, Techniken und Ergebnisse der Datenaufbereitung innerhalb des Data Mining Prozesses im Vergleich zum Data Warehousing (Pyle 1999, S. 24; siehe auch Kapitel 3.1.1).

3.1.2.1   Data Mining – Die Schlüsseldisziplin im CRM

Data Mining umfasst den Prozess der Gewinnung neuer, valider und handlungsrelevanter Informationen aus großen Datenstrukturen sowie die Anwendung dieser Informationen für betriebswirtschaftliche Entscheidungen (Cabena et al. 1998, S. 12). Dabei finden neben den klassischen multivariaten Analysemethoden Methoden der künstlichen Intelligenz, des maschinellen Lernens und der Mustererkennung ihren Einsatz.

Die verschiedenen Data Mining Methoden lassen sich entsprechend der anwendungsbezogenen Fragestellungen in primär strukturen-entdeckende Verfahren und primär strukturen-prüfende Verfahren einteilen (Backhaus et al. 2000, S. XXI).

Strukturen-prüfende Verfahren

Der Gruppe der strukturen-prüfenden Verfahren sind Verfahren zugeordnet, deren primäres Ziel die Überprüfung von Zusammenhängen zwischen einer im Vorfeld definierten Zielvariablen und weiterer unabhängigen Variablen ist. Basierend auf logischen und theoretischen Vorstellungen über die Zusammenhänge zwischen Variablen führen die Data Mining Algorithmen die Schätzung, Klassifikation oder Prognose des Zielvariablenwertes durch (Berry et al. 1997, S. 72). Zu den strukturen-prüfenden Verfahren zählt man u.a. Entscheidungsbäume, Künstliche Neuronale Netze, Regressionsanalysen, Varianzanalysen und Diskriminanzanalysen.

In der Praxis finden diese Data Mining Algorithmen ihren Einsatz bei folgenden CRM-Fragestellungen:

Prognose

Mit Hilfe von Prognosemodellen kann der Wert einer unbekannten Ausprägung einer Variablen auf Grundlage bekannter Ausprägungen von Variablen des selben Datensatzes prognostiziert werden. Prognosemodelle finden u.a. Anwendung in der Bestimmung von Cross- oder Up-Selling-Potenzialen oder zur Bestimmung abwanderungsgefährdeter Kunden.

Klassifikation

Mit der Klassifikation verfolgt man das Ziel, neue bisher unbekannte Informationsobjekte (z.B. Neukunden) bereits vordefinierten Klassen zuzuordnen. Typische Fragestellungen im Rahmen der Klassifikation stellen beispielsweise Kreditwürdigkeitsprüfungen dar. Im Rahmen von e-CRM wird die Klassifikation eingesetzt, um unbekannten Kunden aufgrund ihres Klickverhaltens personalisierte Inhalte zukommen zu lassen.

Strukturen-entdeckende Verfahren

Im Gegensatz zu den strukturen-prüfenden Verfahren sind bei den strukturen-entdeckenden Verfahren keine Zielvariablen explizit zu bestimmen. Man überlässt das Auffinden von unbekannten Zusammenhängen zwischen Variablen vollständig den eingesetzten Algorithmen. Diese Verfahren finden vor allem dann ihren Einsatz, wenn Anwender zu Beginn der Analyse noch keine Vorstellungen darüber besitzen, welche Beziehungszusammenhänge in einem Datensatz existieren (Backhaus et al. 2000, S. XXI). Verfahren, die diesem Bereich zugeordnet werden, sind Assoziationsalgorithmen, Clusteranalysen, Kohonen-Netze (SOM) und die Faktorenanalyse.

Typische Praxisanwendungen zur Unterstützung der CRM-Aktivitäten sind die folgenden Beschreibungsfragestellungen:

Segmentierung

Segmentierungen werden eingesetzt, um eine unübersichtliche Datenmenge auf wenige, besser überschaubare und interpretierbare Klassen zu reduzieren, wobei die Informationsobjekte innerhalb eines Segmentes möglichst homogen und zwischen den einzelnen Segmenten möglichst heterogen sind. In der Praxis werden Clusteranalysen oftmals als erster Schritt zur Untersuchung von großen, komplexen Datenbeständen verwendet. Im Rahmen von Kundenbedürfnisanalysen finden Clusteranalysen für erste Kundensegmentierungen Einsatz, um dann mit Hilfe von Prognosemodellen für die einzelnen Cluster Produktaffinitäten bestimmen zu können.

Assoziation

Mit Hilfe der Assoziationsanalyse werden Abhängigkeiten oder Assoziationen zwischen Merkmalen von Informationsobjekten ermittelt. Sogenannte „Wenn-Dann"-Regeln beschreiben diese Assoziationen zwischen den Informationsobjekten. Ein typisches Praxisbeispiel sind Warenkorbanalysen, mit deren Hilfe statistische Zusammenhänge beim Kauf verschiedener Produkte aufgedeckt werden können.

Beschreibung und Visualisierung

Mit Hilfe von Visualisierungstechniken können einprägsame und interessante Strukturen beschrieben werden, die oft allein eine Erklärung für ein bestimmtes Verhalten liefern können. In der Regel bedürfen die Ergebnisse aus Beschreibungsfragestellungen jedoch noch weiterführender Datenanalysen, um unmittelbar handlungsrelevante Resultate zu erzielen (Hippner et al. 2001a, S. 64).

3.1.2.2 Data Mining Prozess

Die Möglichkeiten, die eine intelligente Anwendung von Data Mining im Rahmen des Kundenbeziehungsmanagement ermöglichen kann, sind bei weitem nicht ausgeschöpft. Der Erfolg von Data Mining Analysen steht und fällt in der Regel mit einer eindeutigen Definition und Umsetzung der Geschäftsziele in entsprechende Data Mining Ziele. Keinesfalls stellt Data Mining ein autonomes System dar, das selbstständig in einem beliebigen Datenbestand Auffälligkeiten findet, vielmehr handelt es sich um einen interaktiven Prozess, in den oft mehrere Abteilungen eines Unternehmens einzubinden sind. Die Integration von Data Mining im Unternehmen stellt vielfach eine Herausforderung dar, da einerseits durch die gängige Methodengläubigkeit, andererseits durch mangelnde Ressourcen die wahren Potenziale nicht ausgeschöpft werden können.

Die einzelnen Phasen des Data Mining Prozesses werden anhand des Prozessmodells CRISP-DM (Cross Industry Standard Process for Data Mining) näher beleuchtet. CRISP ist eine von der Europäischen Kommission und den Unternehmen SPSS, NCR, DaimlerChrysler und OHRA geförderte Initiative zur Bildung eines

standardisierten Prozessmodells, das weitgehend technologie-
und branchenunabhängig ist (Arndt et al. 2001, S. 592).

Das Prozessmodell gibt einen Überblick über einen typischen
Data Mining Kreislauf. Insgesamt sind sechs Phasen aufgeführt,
deren Reihenfolge in Abhängigkeit von den Ergebnissen der
einzelnen Phasen durchaus flexibel sein kann.

Der äußere Kreislauf des Schaubildes spiegelt die Tatsache des
Learning Loops wider. Jede nachfolgende Data Mining Analyse
profitiert von vorangegangenen Analysen, passt sich ständig an
neue Gegebenheiten an und verbessert die Kundeninformationen.

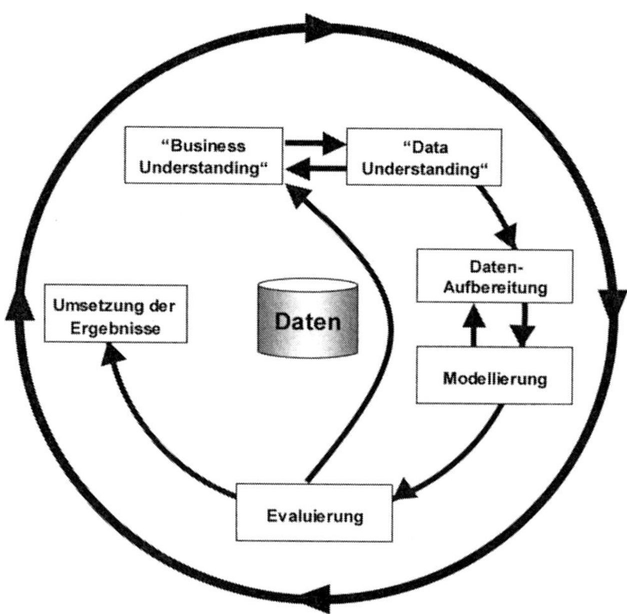

Abbildung 48: Der Data Mining Prozess (CRISP-DM 2000, S. 13)

"Business Un- Den Ausgangspunkt eines Data Mining Prozesses bildet ein spe-
derstanding" zifisches Geschäftsproblem. Die aus den CRM-Prozessen resultie-
rende Fragestellung muss unter Berücksichtigung der vorhande-
nen Datenbasis in ein konkretes Data Mining Ziel transformiert
werden (z.B. Realisierung von Cross-Selling-Potenzialen über die
Bestimmung von Kaufwahrscheinlichkeiten für ein bestimmtes
Kundensegment).

"Data Un- In dieser Phase des Data Mining Prozesses muss sich der Analyst
derstanding" mit den Daten, die dem konkreten Geschäftsproblem zugrunde
liegen, inhaltlich auseinandersetzen. Neben der Datenbeschaf-

fung setzt diese Phase ein Verständnis der in der Datenbank abgelegten Business-Logik voraus. Die Anwendung einfacher statistischer Analysen unterstützt die Bestimmung der Rohdatenbasis, die dann für die nachfolgende Datenaufbereitung zur Verfügung steht.

Datenaufbereitung

Die Datenaufbereitung stellt innerhalb des Data Mining Prozesses die zeit- und arbeitsintensivste Phase dar. Um eine Tabelle an den sich anschließenden Modellierungsprozess übergeben zu können, sind in der Regel Bereinigungen, Integrationen, Aggregationen, Umformatierungen und diverse Selektionen durchzuführen. Dieser Prozess-Schritt muss mit aller Sorgfalt durchgeführt werden, um unnötige Rückkopplungsschleifen während der Modellierung oder Fehlinterpretationen aufgrund begangener Fehler zu vermeiden. Der Aufwand für die beiden Schritte "Data Understanding" und Datenaufbereitung kann bis zu 90 % des gesamten Zeitaufwandes während eines Data Mining Projektes beanspruchen.

Modellierung

Innerhalb dieser Phase kommen die eigentlichen Data Mining Algorithmen zum Einsatz. In Abhängigkeit vom ausgehenden Geschäftsproblem ist die geeignete Modellierungstechnik auszuwählen und anzuwenden. Dabei werden innerhalb der Modellierung die beeinflussenden Parameter so lange iterativ angepasst, bis ein Modell die gewünschte Güte erreicht hat.

Evaluierung

In der Evaluierungsphase wird die Güte der Data Mining Modelle sowohl mit Hilfe von grafischen Darstellungen als auch mit Maßzahlen beurteilt. Zur Beurteilung der Güte und der Trennschärfe der Modelle werden in der Regel neben sogenannten Lift-Charts und Lift-Indizes auch Misclassification-Matrizen eingesetzt.

Umsetzung der Ergebnisse

Erfüllen die Data Mining Modelle die Gütekriterien, so sind diese in die zugrunde liegenden CRM-Prozesse zu integrieren. Beispielsweise ermöglichen die Data Mining Modelle die Berechnung individueller Scorewerte, so dass in Abhängigkeit vom Score entschieden werden kann, ob ein Kunde affin für ein bestimmtes Produkt ist oder nicht. Für die unterschiedlichen Kundensegmente lassen sich dadurch die unterschiedlichen Bedürfnisstrukturen ermitteln. Organisatorische Disziplin in Bezug auf Pflege und Aktualität der Data Mining Modelle vorausgesetzt, sind Unternehmen jetzt in der Lage One-to-One-Marketing zu realisieren.

Eine der größten Herausforderungen stellt zur Zeit noch die Einbindung der Data Mining Prozesse in vorhandene organisatorische Abläufe dar. Im Sinne eines effizienten Information Networking sind die im Data Mining Prozess gewonnenen Informationen an die Systeme zu verteilen, deren primäre Aufgabe darin besteht, Kundenkontakte zu verwalten und zu managen. Dabei sind nicht nur Informationen über bestimmte Kaufwahrscheinlichkeiten zu berücksichtigen, sondern auch die vom Kunden präferierten Kommunikationskanäle für einen möglichen Dialog mit dem Unternehmen.

3.1.2.3   Data Mining Algorithmen in der Praxis

Nachdem die einzelnen Data Mining Algorithmen bisher nur umrissen worden sind, werden in diesem Abschnitt die gängigsten Algorithmen kurz vorgestellt.

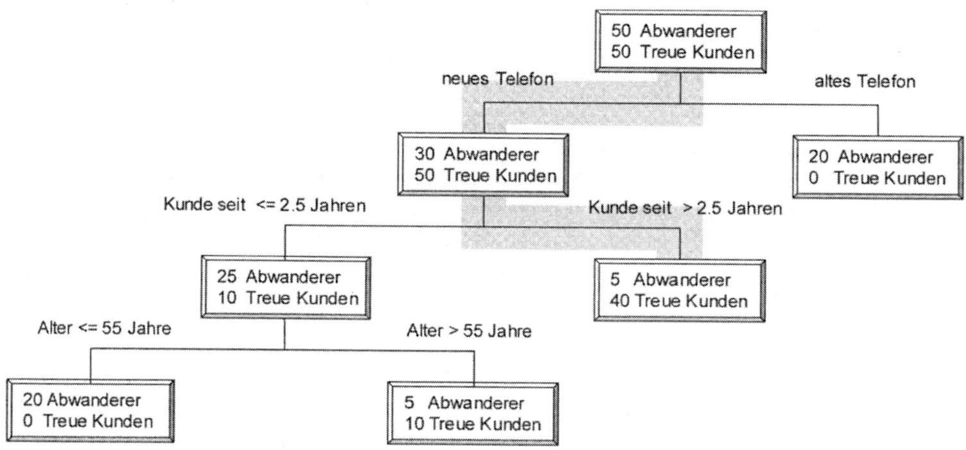

Abbildung 49: Entscheidungsbaum (Berson et al. 1997, S. 351)

Entscheidungsbaum

Mit Hilfe von Entscheidungsbäumen lassen sich mächtige Klassifikations- und Prognosemodelle erstellen, welche eine Menge von Datensätzen in einer baumähnlichen Struktur beschreiben. Entscheidungsbäume werden in der Regel nach dem Top Down Prinzip generiert, d.h. die Datensätze gehen am Stammknoten in den Entscheidungsbaum ein. In jedem Knoten wird über ein Splitting-Kriterium die Variable bestimmt, nach der die Datensätze aufzuteilen sind. Je höher der Informationsgehalt einer Variablen in Bezug auf die Zielgröße ist, desto weiter oben im Entscheidungsbaum findet sich diese Variable. Anhand der Blätter kann die Klassifikation des Entscheidungsbaumes abgelesen werden, weshalb man in diesem Zusammenhang auch von Klassifikationsbäumen spricht. Abbildung 49 zeigt einen beispielhaften Entscheidungsbaum, in dem das Abwanderungsverhalten von Kunden einer Telekommunikationsgesellschaft visualisiert ist.

Insgesamt hat der Entscheidungsbaum vier Klassen generiert, deren Mitglieder den einzelnen Blättern zu entnehmen sind. Der grau hinterlegte Pfad, der eine bestimmte Entscheidungskonstellation beschreibt, lässt sich mit folgender „Wenn-Dann"-Regel beschreiben:

Wenn	Telefon = neu und Kunde seit > 2,5 Jahre
dann	Anzahl Abwanderer = 5

Da die einzelnen Segmentationsschritte auch für statistische Laien nachvollziehbar sind, werden Klassifikationsbäume vor allem zur automatischen Generierung von Regeln verwendet (Küsters 2001, S. 109).

Als bekannteste Entscheidungsbaum-Algorithmen sind CART (Classification and Regression Tree), CHAID (Chi-Squared Automatic Interaction Detection) und C4.5 zu nennen, die sich u.a. in der Art des statistischen Testverfahrens, das die Splitting-Variable bestimmt, unterscheiden.

Da eine detailliertere Auseinandersetzung mit Entscheidungsbaum-Algorithmen den Rahmen dieses Buches sprengen würde, wird an dieser Stelle auf (Berry et al. 1997; Breiman et al. 1984; Quinlan 1993) verwiesen.

Regressions-analyse

Die Regressionsanalyse ist ein sehr flexibles multivariates Analyseverfahren, das sowohl für die Erklärung von Zusammenhängen wie auch für die Durchführung von Prognosen in der Praxis häufig eingesetzt wird. Sie dient der Analyse von Beziehungen zwischen einer Zielvariablen und einer oder mehrerer unabhängiger Variablen, welche sich auch als „Je-Desto-Beziehungen" beschreiben lassen (Backhaus et al. 2000, S. 2).

Dabei unterstellt die Regressionsanalyse eine eindeutige Richtung des Zusammenhangs unter den Variablen, die nicht umkehrbar ist. Die häufigsten in der Praxis angewandten Modelle sind die multiple lineare, die multiple nichtlineare, die polynomiale und die logistische Regressionsanalyse. Für detaillierte Beschreibungen dieser verschiedenen Ausprägungen sei an dieser Stelle auf (Backhaus et al. 2000) verwiesen.

Künstliche Neuronale Netze

Künstliche Neuronale Netze versuchen die Fähigkeit des menschlichen Gehirns zu lernen und in einem digitalen Berechnungsmodell zu simulieren. Ein Neuron stellt dabei das kleinste Element eines neuronalen Netzes dar und entspricht im biologischen Sinne einer einzelnen Nervenzelle. Das Neuron verarbeitet eine Reihe von Inputgrößen zu einem Output, wobei die Inputgrößen mit einer bestimmten Gewichtung mit dem Neuron verdrahtet sind. Die folgende Abbildung 50 zeigt ein einfaches Beispiel für ein sog. Neuronales Backpropagation Netz mit zwei Hidden Layern.

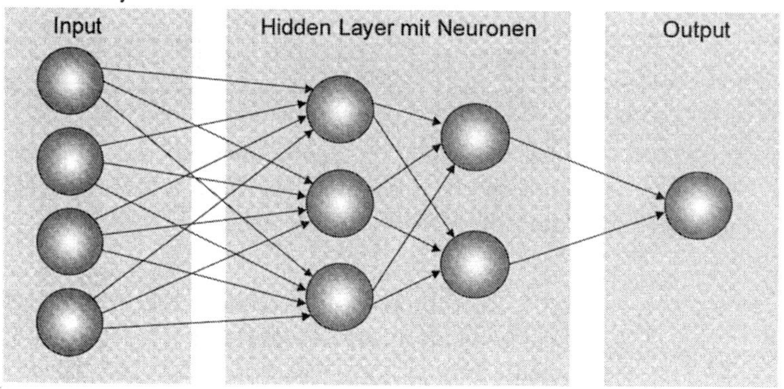

Abbildung 50: Neuronales Netz mit zwei Hidden Layern

Künstliche Neuronale Netze können als nichtlineare Regressionsverfahren interpretiert werden und ermöglichen die Entwicklung sehr mächtiger Prognose- und Klassifizierungsmodelle.

Der Trainings- bzw. Lernprozess eines neuronalen Netzes nach dem Backpropagation-Prinzip ist ein iterativer Anpassungsprozess, der die Gewichte eines jeden Knoteninputs in jedem Iterationsschritt angleicht. Dieser iterative Prozess versucht in jedem Schritt mit Hilfe der Trainingsdaten den Output des neuronalen Netzes an den gewünschten Output anzunähern (wobei den Trainingsdaten die Lösung der Aufgabe schon bekannt ist). Prinzipiell beruht das Paradigma auf dem Erlernen von Fähigkeiten anhand von bereits verifizierten Beispielen aus der Vergangenheit.

Einen Überblick über die unterschiedlichen Topologien und Verwendungsmöglichkeiten von Künstlichen Neuronalen Netzen in der Praxis gibt beispielsweise (Bigus 1996).

Kohonen Netzwerke (SOM)   Self-Organizing Maps (SOM) oder Kohonen-Netze sind eine Sonderform der Künstlichen Neuronalen Netze und finden ihren Praxiseinsatz hauptsächlich in der Segmentierung großer Datenmengen. Im Vergleich zu den Backpropagation-Netzen benutzen

Self-Organizing Maps eine unterschiedliche Trainingsmethode und besitzen eine andere Topologie.

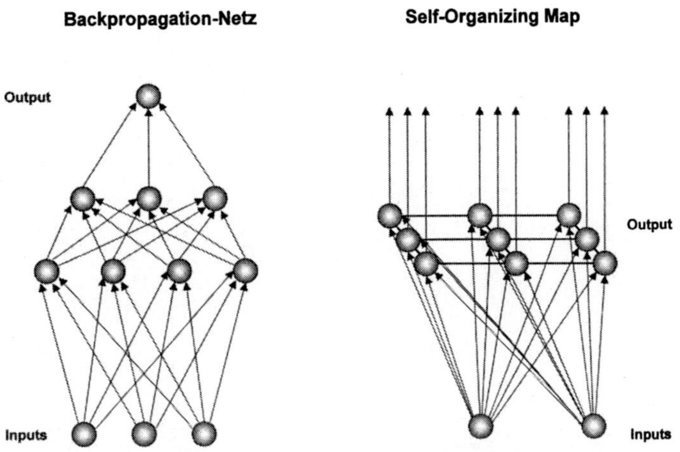

Abbildung 51: Topologie-Vergleich zwischen Backpropagation-Netzen und Self-Organizing Maps

Kohonen-Netze besitzen eine einfach konstruierte zweischichtige Topologie, die aus einem Input- und einem Output-Layer besteht. Der Input-Layer dient dazu, Informationsobjekte in das Netz einzulesen, wobei die Anzahl der Input-Units der Anzahl der Variablen eines Informationsobjektes entspricht. Kohonen-Netze bilden mehrdimensionale Merkmalsräume auf einer in der Regel zweidimensionalen Schicht ab und produzieren dadurch dimensionsreduzierte Karten dieser Merkmalsräume. Auf der zweidimensionalen Karte entsprechen benachbarte Output-Units ähnlichen Datengruppen im Input-Layer (Kerling 1998, S. 421).

Auf Basis der Kohonen-Netze können spezielle Displays erzeugt werden, auf denen die relative Entfernung einzelner Output-Units mittels unterschiedlicher Grautöne dargestellt werden können. Helle Töne deuten auf eine Ähnlichkeit benachbarter Units hin, dunkle Töne markieren „Täler" zwischen den im Inputraum weit voneinander entfernten Units (Poddig et al. 2001, S. 391). Die folgende Abbildung 52 illustriert diese Visualisierung von Datenstrukturen am Beispiel der Data Mining Workbench SPSS Clementine.

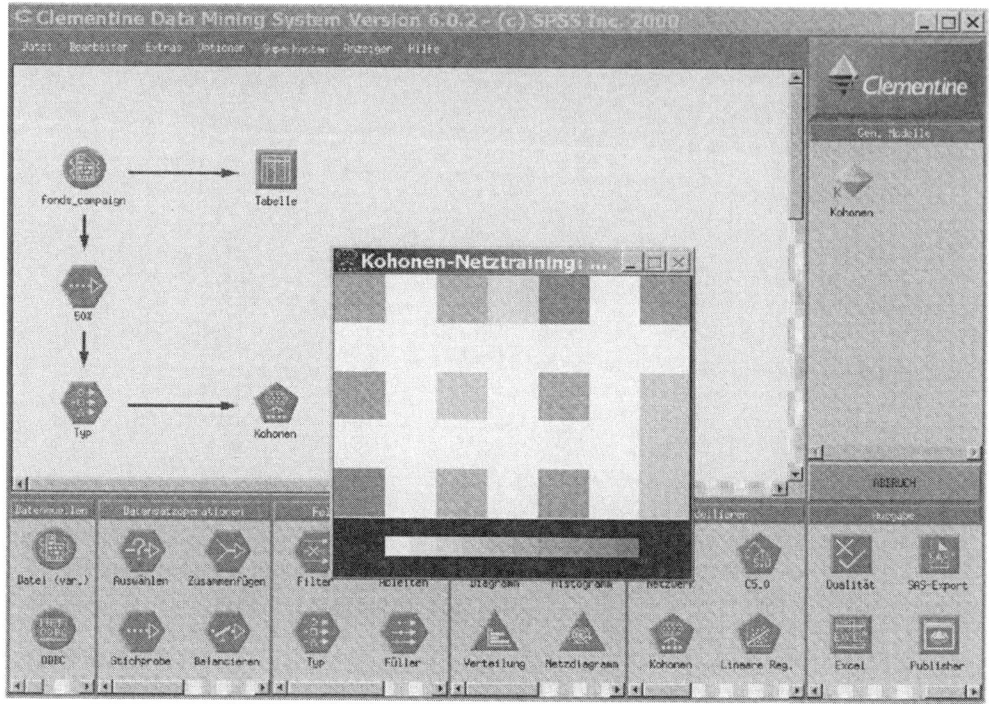

Abbildung 52: SOM-Output-Layer am Beispiel SPSS Clementine

Clusteranalyse Ziel der Clusteranalyse ist es, ähnlich den Kohonen-Netzen, eine unübersichtliche Datenmenge auf wenige, besser überschaubare und besser interpretierbare Segmente zu reduzieren, wobei die Datensätze innerhalb eines Clusters möglichst homogen in irgendeinem geschäftlich relevanten Sinne und zwischen den einzelnen Clustern möglichst heterogen sind. Zur Identifizierung der Cluster werden Distanzmetriken verwendet (z.B. euklidische Distanz), wobei es je nach Cluster-Algorithmus verschiedene Verfahren der Berechnung von Distanzen gibt. Traditionelle Verfahren unterstellen eine eindeutige Zuordnung eines Objektes zu einem Cluster. In der Praxis finden sich immer wieder Objekte, welche sich nicht eindeutig zu einem Cluster zuordnen lassen. Mit Hilfe der unscharfen Clusteranalyse (Fuzzy Clustering) lassen sich derartige Problemstellungen lösen, indem den einzelnen Objekten Zugehörigkeitsgrade bzw. Wahrscheinlichkeiten der Klassenzugehörigkeiten zugeordnet werden (Küsters 2001,

S. 113). Die folgende Abbildung 53 zeigt anhand eines Praxisbeispiels die Visualisierung von Ergebnissen der Clusteranalyse.

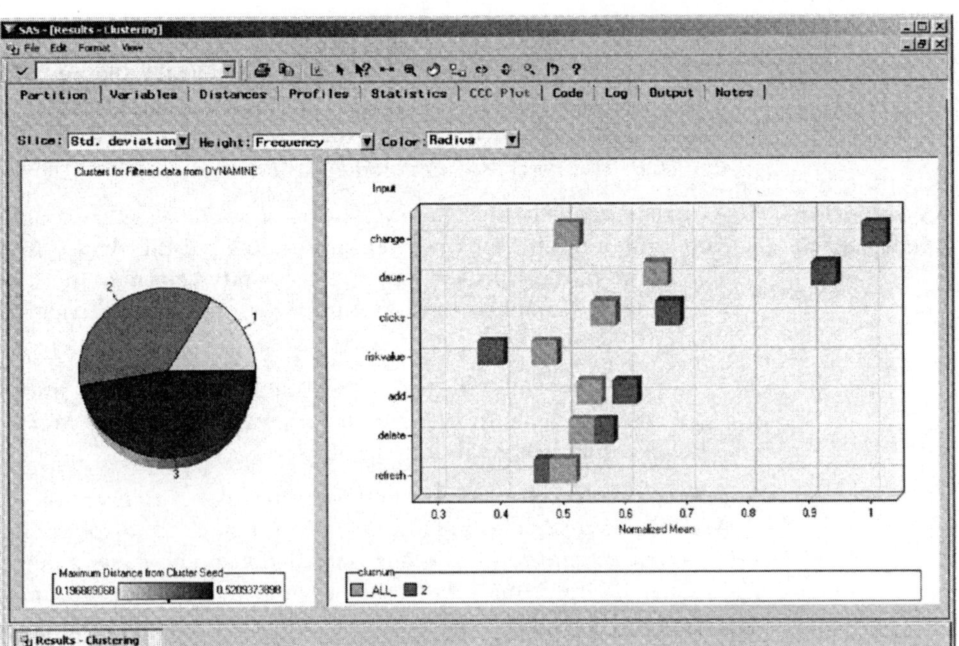

Abbildung 53: Clusteranalyse am Beispiel SAS Enterprise Miner

Das Beispiel zeigt Ergebnisse einer Clusteranalyse, die das Ziel hatte, eine Watchlist in einem Musterdepot nach typischen Nutzungstypen zu analysieren, um entsprechend dem Nutzungsverhalten der Kunden diesen personalisierte Angebote zukommen zu lassen. Insgesamt konnten drei Nutzungstypen extrahiert werden, was durch das Kuchendiagramm im linken Bereich visualisiert wird. Die Grafik im rechten Bereich listet alle Input-Variablen auf, anhand derer die drei Cluster ermittelt wurden. Die hellgrauen Würfel stellen dabei die Durchschnittswerte der Grundgesamtheit für die jeweiligen Variablen dar, wohingegen die dunkelgrauen Würfel den Durchschnittswert der Variablen innerhalb der einzelnen Cluster repräsentieren. Das Verteilungsdiagramm charakterisiert die Eigenschaften des Clusters 2 und lässt sich wie folgt interpretieren:

Im Vergleich zum Durchschnitt ändern Kunden des Clusters 2 häufiger die Anzahl der Aktien in der Watchlist (change), verbringen innerhalb der Watchlist mehr Zeit (dauer & clicks), sind jedoch risikoaverser als der durch-schnittliche Watchlist-Besucher (riskvalue).

Clusteranalysen werden oftmals als erster Schritt zur Untersu-chung von großen, in der Regel undurchsichtigen Datenbestän-den eingesetzt. Die dadurch gewonnenen Cluster dienen oft als Ausgangsbasis für andere Data Mining Algorithmen (z.B. Ent-scheidungsbäume, Künstliche Neuronale Netze), um möglichst trennscharfe Ergebnisse erzielen zu können.

Assoziations-analysen

Assoziationsregeln beschreiben Korrelationen zwischen gemein-sam auftretenden Items, wobei diese Items beispielsweise Artikel sein können, die Kunden eines Supermarktes zusammen einkau-fen. Eine Assoziationsregel könnte wie folgt umschrieben wer-den:

> „In 45% der Fälle, in denen Lachs gekauft wird, wird auch Weißwein gekauft; diese beiden Produkte kommen in 2% aller Verkaufstransaktionen vor."

Neben der Angabe der betroffenen Produkte (Items) gibt diese Assoziationsanalyse die Stärke der Korrelation („45% aller Fälle"), die man als *Konfidenz* einer Assoziationsregel bezeichnet, an. Zusätzlich erfährt man die Häufigkeit der in der Regel zusammen vorkommenden Produkte, was mit *Support* bezeichnet wird (Bol-linger 1996, S. 257).

Um jedoch eine Datenbanktabelle nach Auffälligkeiten zu durch-suchen, muss zunächst festgelegt werden, wann eine Regel als hinreichend aussagekräftig angesehen wird. Über Items, die in der gesamten Tabelle nur vereinzelt vorkommen, lässt sich kaum eine zuverlässige Aussage treffen. Aus diesem Grund muss vor der Datenanalyse ein Supportfaktor festgelegt werden, wie häu-fig eine solche Menge von Items mindestens vertreten sein muss, um daraus sinnvolle Regeln ableiten zu können. Zusätzlich muss mit einem geeigneten Konfidenzfaktor angegeben werden, in-wieweit eine Regel von der zugrunde liegenden Datenbank-tabelle getragen wird. Ein zu hoher Konfidenzfaktor ist in den meisten Fällen sicherlich eine zu starke Einschränkung. Ein zu niedriger Wert würde jedoch eine große Anzahl bedeutungsloser Regeln erzeugen.

Ein wesentlicher Nachteil bei der praktischen Anwendung von Assoziationsanalysen liegt darin begründet, dass üblicherweise eine sehr große Anzahl an Regeln generiert wird, welche erst nach einer eingehenden Interpretation durch den Anwender einen Aussagegehalt bekommen.

**Sequenz-
analysen**

Ebenfalls in den Bereich der Assoziationsanalysen fallen Sequenzanalysen bzw. sequenzielle Muster. Im Rahmen des analytischen CRM bekommen Sequenzanalysen einen immer größeren Stellenwert, da Transaktionen direkt einem einzelnen Kunden zugewiesen werden können und somit dessen Verhalten über die Zeit abgebildet werden kann (Hettich et al. 2001, S. 441).

Die zu analysierende Datenbasis besteht aus einer Anzahl von Sequenzen, im Folgenden Datensequenzen genannt. Jede Datensequenz besteht aus einer unterschiedlichen Anzahl an Transaktionen, wobei jede Transaktion mit einem Zeitstempel versehen ist. Ohne einen Zeitstempel ist es unmöglich, den Zeitpunkt zu bestimmen, wann sich Transaktionen relativ zueinander ereignet haben (Berry et al. 1997, S. 150). Zudem muss jede Datensequenz mit einem eindeutigen Identifier versehen werden, damit verschiedene Transaktionen ein und derselben Datensequenz zugeordnet werden können (Weingärtner 2001, S. 891).

Abbildung 54 zeigt die Anwendung von Sequenzanalysen am Beispiel eines Online-Shops.

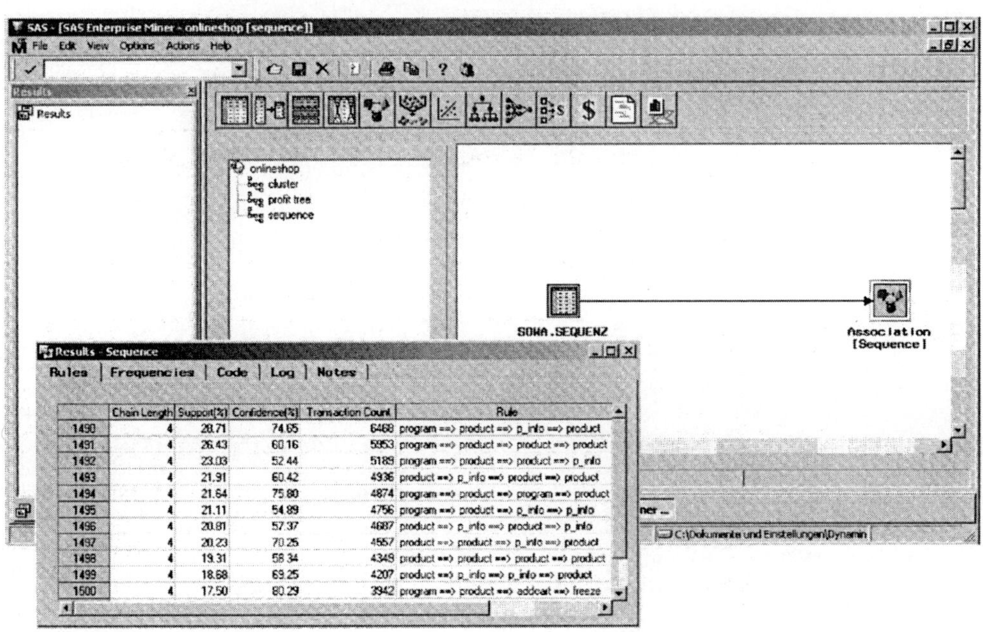

	Chain Length	Support(%)	Confidence(%)	Transaction Count	Rule
1490	4	28.71	74.65	6468	program ==> product ==> p_info ==> product
1491	4	26.43	60.16	5953	program ==> product ==> product ==> product
1492	4	23.03	52.44	5189	program ==> product ==> product ==> p_info
1493	4	21.91	60.42	4936	product ==> p_info ==> product ==> product
1494	4	21.64	75.80	4874	program ==> product ==> program ==> product
1495	4	21.11	54.89	4756	program ==> product ==> p_info ==> p_info
1496	4	20.81	57.37	4687	product ==> p_info ==> product ==> p_info
1497	4	20.23	70.25	4557	product ==> product ==> p_info ==> product
1498	4	19.31	58.34	4349	product ==> product ==> product ==> product
1499	4	18.68	69.25	4207	product ==> p_info ==> p_info ==> product
1500	4	17.50	80.29	3942	program ==> product ==> addcart ==> freeze

Abbildung 54: Sequenzanalysen mit dem SAS Enterprise Miner
am Beispiel Web Mining

Die im Rahmen von Web Mining gewonnenen Erkenntnisse können u.a. zur Ergonomieverbesserung von Websites beitragen. Zudem ermöglicht der intelligente Einsatz der Sequenzanalyse die Bestimmung von Übergangswahrscheinlichkeiten an jedem Punkt der Website und stellt eine Basis für Navigationsprognosen und Personalisierungsambitionen dar.

Nachdem der Leser einen Überblick über die in der Praxis am häufigsten eingesetzten Data Mining Algorithmen und deren Funktionsweisen gewonnen hat, steht in den folgenden Kapiteln die Fragestellung im Mittelpunkt, wie die aus den Analysen gewonnenen Erkenntnisse in nachfolgende Geschäftsprozesse und involvierte Anwendungen einfließen können.

3.1.3   Maßnahmenmanagement

Um Kundenbedürfnissen individuell begegnen zu können, sind die über Data Mining Analysen ermittelten verschiedenartigen Präferenzsegmente mit Hilfe geeigneter Marketingmaßnahmen – üblicherweise in Form von Kampagnen – anzugehen. Im Folgenden sind die Rahmenbedingungen aufgelistet, mit denen sich Unternehmen bei der Umsetzung von zielgruppenspezifischen Kampagnen auseinander zu setzen haben (Kotler 1997, S. 721):

Massen-Marketing	**Individual-Marketing**
Identische Behandlung aller Kunden	Individuelle Behandlung der Kunden
Anonyme Kunden	Kundenprofile
Massenvertrieb	Individueller Vertrieb
Massen-Werbemaßnahmen	Individuelle Werbemaßnahmen
Share of Market	Share of Customer
Kundenakquise	Kundenbindung

Abbildung 55: Massen-Marketing und Individual-Marketing im Vergleich

Die Herausforderung für kundenorientierte Unternehmen besteht darin, mehrere homogene Kundengruppen durch kleinere zielgruppenspezifische Kampagnen anzusprechen, anstatt wie bisher eine heterogene Kundengruppe als Ganzes in Form von wenigen

Großkampagnen anzugehen. Hier werden bereits die Anwendungsmöglichkeiten des Data Mining deutlich (siehe Kapitel 3.1.2). Erst durch die Bewertung von Kunden und Maßnahmen im Zusammenspiel mit der Selektion bestimmter Kundensegmente bzw. -typen wird eine Kundenorientierung im Sinne des CRM/e-CRM möglich.

Da die Planung, Organisation und Durchführung vieler kleiner zielgruppenspezifischer Kampagnen mit einem hohen administrativen Aufwand verbunden ist, sind spezielle Kampagnenmanagement-Systeme entwickelt worden, welche neben der Kampagnenorganisation auch eine nahezu automatische Response-Erfassung von Kampagnen ermöglichen (z.B. E.Piphany). Dabei wird der gesamte Kampagnenmanagement-Prozess in einfach strukturierte Prozesse und automatisierte Abläufe überführt.

Neben der reinen Produktbetrachtung einer Kampagne (Welche Kundengruppe ist für welches Produkt affin?) kommt im Internetzeitalter dem Vertriebs- und Kommunikationskanal eine steigende Bedeutung zu (Über welchen Kommunikationskanal soll der Kunde kontaktiert werden bzw. über welchen Vertriebskanal möchte der Kunde beliefert werden?). Den neuen Formen der internetbasierten Kommunikations- und Vertriebswege müssen Unternehmen mit einem multichannel-fähigen, ganzheitlichen Kampagnenmanagement begegnen und die dazu notwendigen unterstützenden IT-Applikationen in die bereits vorhandene IT-Architektur integrieren (integrative Fragestellungen werden ausführlich in Kapitel 3.2 behandelt).

Effizientes Kampagnenmanagement kann nicht allein durch die Implementierung einer geeigneten Softwarelösung umgesetzt werden, sondern basiert auf einer fundierten Kampagnenplanung. Die Vorbereitung einer Kampagne lässt sich in drei Stufen planen (El Himer et al. 2001, S. 61):

- *Strategische Planung*: Welche Marketingziele sind wie zu erreichen?

- *Taktische Planung*: Zu welchem Zeitpunkt sind geeignete Maßnahmen zu ergreifen?

- *Operative Planung*: Wer ist verantwortlich für die einzelnen Kampagnen bzw. Teilkampagnen? Anhand welcher Kriterien wird der Erfolg einer Kampagne gemessen? Welche Maßnahmen können bei möglichen Abweichungen ergriffen werden?

Strategische Planung

Inhalt strategischer Kampagnenplanungen ist die Zieldefinition bzw. Zielrichtung zukünftiger Kampagnen. Dabei sind folgende Punkte zu evaluieren:

- Ziele (Zielinhalt und Ausmaß der Kampagne)
- Realisierungsszenarien
- Ressourcenplanungen

Grundlage eines erfolgreichen Kampagnenmanagements ist die eindeutige Formulierung der Ziele. Diese dienen neben allgemeinen unternehmerischen Kampagnenzielen, wie z.B. Sicherung und Ausbau der Marktposition, vor allem der Beantwortung von marketingspezifischen Fragestellungen, wie z.B.:

- Welche Zielgruppe soll in welchen Regionen kontaktiert werden?
- Welche Produkte bzw. Zusatzprodukte im Sinne von Cross-Selling- oder Up-Selling-Angeboten sollen in die Kampagne einfließen?
- Welche Kosten und Kampagnenerlöse werden erwartet?
- Soll die Kampagne ein- oder mehrstufig durchgeführt werden? Wie sind die einzelnen Stufen terminlich zu staffeln? Welche Vertriebskanäle sind in welcher Intensität von der geplanten Kampagne für die unterschiedlichen Stufen betroffen?

Die Beantwortung dieser Fragen setzt die Erstellung verschiedener Realisierungsszenarien voraus, da sich nicht jedes theoretisch denkbare Szenario ökonomisch rechtfertigen lässt. Daher ist ein ausgewogenes Verhältnis zwischen Kosten, Erlösen und den bereitgestellten Ressourcen zu finden.

Taktische Planung

Im Rahmen der taktischen Planung wird die geplante Kampagne bezüglich der terminlichen Abhängigkeiten sowie potenzieller Risiken betrachtet. Aus dieser Aufgabe heraus ist die taktische Planung für die Eventualfallplanung zuständig, um Verhaltensweisen definieren zu können, falls auf unerwartete Veränderungen (schwächere Nachfrage, Absatzeinbruch, Produktion- oder Transportengpässe etc.) rechtzeitig und adäquat zu reagieren ist. Aus der taktischen Planung resultieren daher Maßnahmen zur Risikominimierung bzw. Schadensbegrenzung (El Himer et al. 2001, S. 68). Abbildung 56 visualisiert die komplexen Wirkungszusammenhänge, die im Planungsprozess von Kampagnen zu beachten sind.

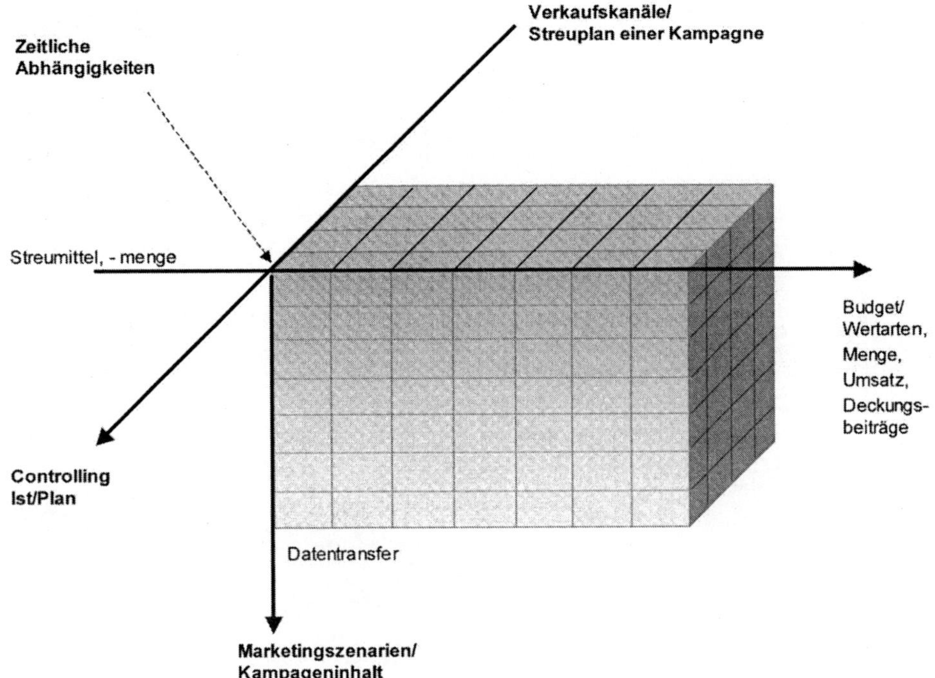

Abbildung 56: Multidimensionale Abhängigkeiten der Kampagnenplanung (El Hilmer et al. 2001, S. 68)

Operative Planung

Bei der operativen Planung steht die Koordination und das Controlling der Kampagne im Vordergrund. Besonders bei mehrstufigen oder parallel laufenden Kampagnen ist der Kommunikations- und Koordinationsaufwand nicht zu unterschätzen, da Marketing, Service und Vertrieb genau aufeinander abgestimmt sein müssen.

Um den Kampagnenerfolg beurteilen bzw. Probleme bei der Durchführung einer Kampagne erkennen zu können, sind fest definierte Kontrollpunkte vorzusehen. Das Einrichten derartiger Kontrollpunkte erfordert vom Kampagnenverantwortlichen den Abgleich der vorliegenden Ergebnisse mit den Sollvorgaben. Dadurch kann der Erfolg oder Misserfolg einer Kampagne frühzeitig festgestellt werden, um entsprechend – im Sinne eines definierten Eventualfalles – reagieren zu können. In Abbildung 57 wird die operative Kampagnenplanung am Beispiel einer Multichannel-Kampagne dargestellt.

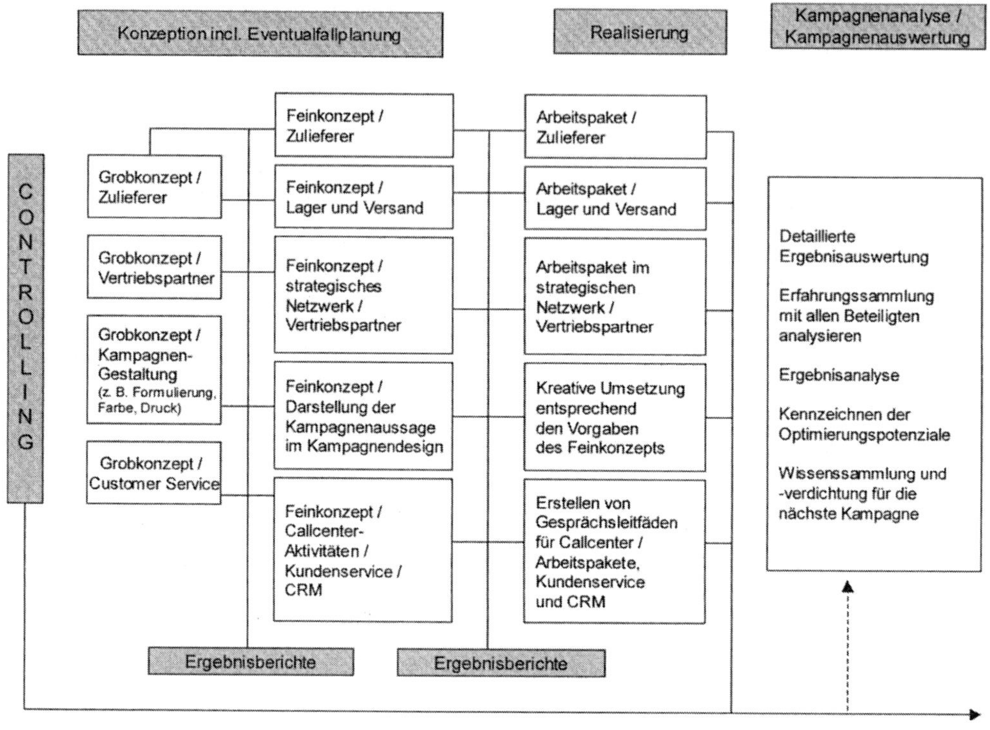

Abbildung 57: Operative Kampagnenplanung für eine Multi-channel-Kampagne (El Himer et al. 2001, S. 71)

Nachfolgend sind Controlling-Kenngrößen aufgelistet, welche im Rahmen einer operativen Kampagnenplanung zu berücksichtigen sind (El Himer et al. 2001, S. 71):

- *Kenngrößen zur Ermittlung der strategischen Potenziale:* Wie verhält sich die tatsächliche Reichweite in den verschiedenen Kampagnenkanälen im Vergleich zur tatsächlichen Reichweite?

- *Kenngrößen zur Beurteilung angestrebter Marktanteile:* Wie beeinflusst die Kampagne das Wachstum bestimmter Marktanteile?

- *Response-Rate:* Wie viele Teilnehmer einer Kampagne haben positiv bzw. negativ/nicht reagiert?

- *Kundenbindung:* Bleibt ein Kunde über einen längeren Zeitraum treu?

- *ROI:* Wann ist der ROI erreicht?

- *Kostenbeurteilung*: Welche Kostenstruktur stellt sich bei gleichzeitiger Zuordnung der Kosten zu den verschiedenen Kommunikations- bzw. Vertriebskanälen dar?

- *Gewonnene Kundenstruktur*: Welche Charakteristika haben Kunden, die innerhalb der Kampagne gewonnen werden konnten (Neukunden, Stammkunden, Interessenten etc.)?

Mit Hilfe eines Radarcharts lassen sich die beschriebenen Kenngrößen bzw. zusätzliche strategische Kriterien visualisieren. Dabei werden in einer Grafik mehrere Kenngrößen gemeinsam zum direkten Vergleich von Soll- und Ist-Größen dargestellt.

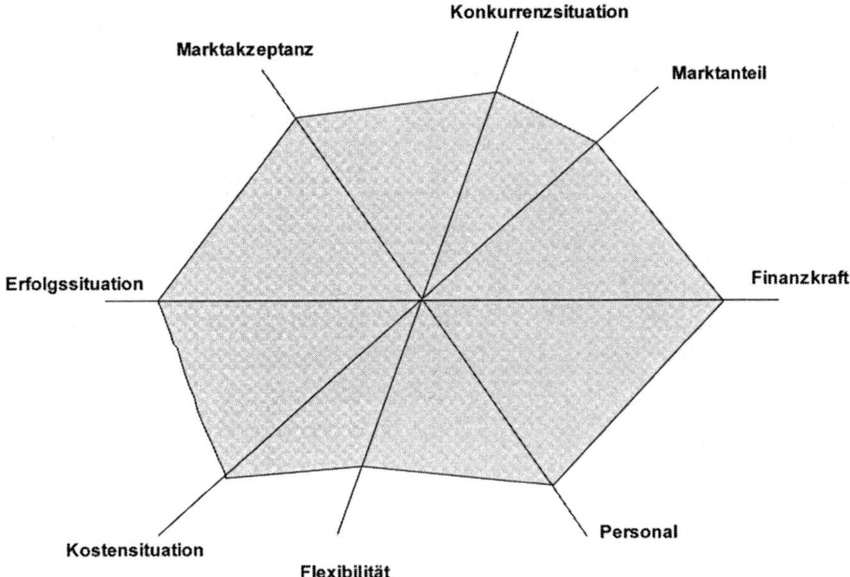

Abbildung 58: Kampagnen-Controlling am Beispiel eines Radarcharts (El Himer 2001, S. 74)

Kampagnenmanagement-Systeme

Kampagnenmanagement-Systemen sind in der Regel Systeme, die Teile des Marketing- bzw. Vertriebsprozesses maschinell begleiten. Sie zeichnen sich durch einen enge Verbindung zum Marketing- oder Vertriebsbereich aus und unterstützen üblicherweise die Planung und Durchführung von Kampagnen, das Messen der Erfolge/Misserfolge und die Rückführung der entsprechenden Informationen in den Kreislauf des Database Marketing.

Innerhalb des Systems lassen sich Teile des Kampagnenmanagement-Prozesses in Form von Regeln hinterlegen, die selbstständig Aktionen auf den vom Kunden präferierten Vertriebskanal auslösen, d.h. Aktionen werden termin- und/oder ereignisgesteuert ausgelöst.

Technisch gesehen hat das Kampagnenmanagement-System folgende Schnittstellen:

- Kundeninformationen (Bestands-, Transaktions- und Response-Informationen),

- Marktinformationen (Teilmärkte, Kaufkraft, ...)

- Kampagnendaten zum Definieren, Durchführen und Controllen von ereignisgesteuerten Kampagnen und

- Vertriebskanalanbindung (Call Center, Beraterplatz, Internet, Lettershop, ...).

Geschlossen wird dieser Prozess über die Response-Erfassung, da alle Daten wieder über die Vertriebskanäle in das zentrale Data Warehouse bzw. das Kampagnenmanagement-System einfließen.

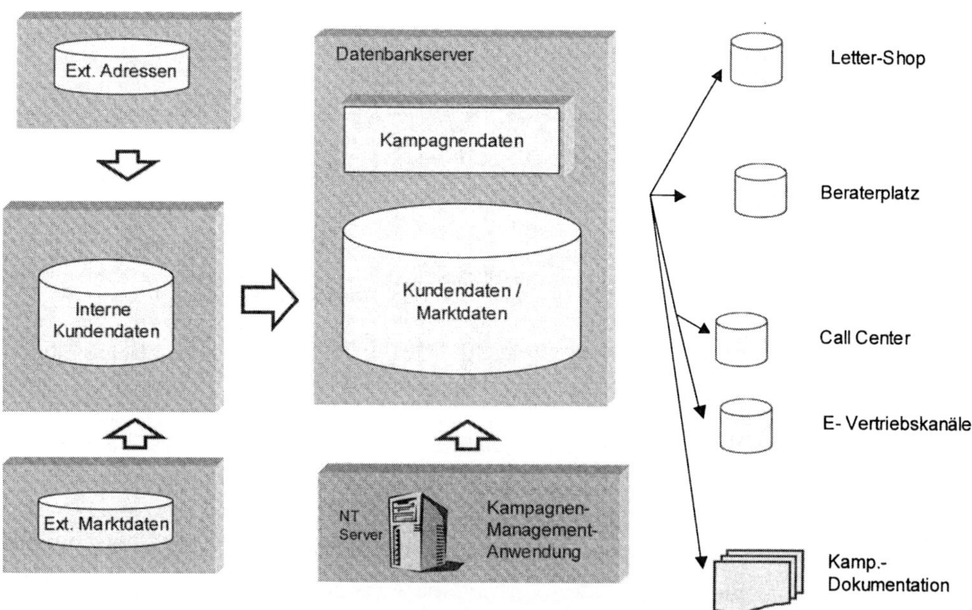

Abbildung 59: Grafische Darstellung eines Kampagnenmanagement-Systems

Kunden- und Marktinformationen

Diese Daten werden in der Regel aktuell aus den verschiedenen operativen Datenbeständen oder im günstigsten Fall über ein Data Warehouse bereitgestellt (siehe dazu Kapitel 3.1.1). Die Aktualität dieser Daten ermöglicht es dem Unternehmen, in angemessener Zeit auf definierte Kunden- oder Marktereignisse regieren zu können.

Kampagnendaten

Über diese Schnittstelle werden die Vorgaben des strategischen Marketing umgesetzt und überwacht. Komplexere Kampagnenmanagement-Systeme erlauben die Anlage von ein- und mehrstufigen Kampagnen über verschiedene Vertriebskanäle hinweg. Ausgefeilte Controlling- und Response-Messungsverfahren unter Einbeziehung von Kontrolllisten erlauben es dem Kampagnenverantwortlichen, rechtzeitig auf sich ändernde Rahmenbedingungen einzugehen und laufende Kampagnen entsprechend anzupassen.

Inzwischen wird von der bisherigen Vorgehensweise abgegangen, ausschließlich über fest definierte Marketingpläne terminlich fixierte und dadurch unflexible Kampagnen durchzuführen. Mehr und mehr wird ein Mix angestrebt, der durch das Kundenverhalten bzw. das Eintreffen von bestimmten Ereignissen beim Kunden geprägt ist, d.h. dass ereignisgesteuerte Kampagnen unter Umständen an 365 Tagen im Jahr durchgeführt werden. Diese Vervielfachung der Kampagnen, welche über diverse Vertriebskanäle gleichzeitig durchgeführt werden können, stellt hohe Anforderungen an die dafür bereitstehende Infrastruktur eines Unternehmens. Neben einem entsprechenden Data Mart/Data Warehouse bedarf es einer flexiblen Informationsverarbeitung und -logistik (siehe dazu die weiteren Ausführungen und Kapitel 3.1.4).

Vertriebskanalanbindung

Das Kampagnenmanagement-System muss in der Lage sein, im Rahmen einer Multi-Channel-Strategie den bevorzugten Vertriebskanal des Kunden beliefern zu können. Während in der Vergangenheit eine geringe Anzahl von Vertriebskanälen wie Geschäftsstellen / Niederlassungen oder ein externer Lettershop für zentrale Mailingaktionen ausreichend war, hat sich die Anzahl der möglichen Vertriebskanäle in jüngster Vergangenheit erheblich ausgeweitet. Es müssen nun sowohl SB-Geräte, Call Center und – im Rahmen des e-CRM – Internetkanäle angesprochen werden können. Speziell bei den sogenannten e-Vertriebskanälen ist davon auszugehen, dass die Vielzahl von möglichen Empfangsgeräten, wie z.B. PC, PDA oder Mobil-

Telefon, in Zukunft zusätzliche Herausforderungen an die Anbindung aber auch an das Design von Kampagnen stellt.

Response-Erfassung

Um das ganze System zu einem *lernenden System* machen zu können, ist ein Lernen aus den Erfahrungen der Vergangenheit notwendig, um die gewonnenen Erkenntnisse in zukünftigen Aktionen zu berücksichtigen. Erst die systematische Response-Erfassung bzw. ein aussagefähiges Qualitäts- oder auch Zufriedenheits- und Beschwerdemanagement liefern die Informationen, um die durchgeführten Aktionen richtig bewerten zu können.

Einsatz im CRM

Kommuni-katives CRM

Die Schnittstelle zwischen Unternehmen und Kunden wird von manchen Autoren auch als *kommunikatives CRM* bezeichnet. Es umfasst „die gesamte Steuerung und Unterstützung sowie die Synchronisation aller Kommunikationskanäle zum Kunden (Telephonie, Internet, E-Mail, Mailings, Außendienst etc.). Diese werden zielgerichtet eingesetzt, um eine möglichst bidirektionale Kommunikation zwischen Kunden und Unternehmen zu ermöglichen." (Hippner et al. 2001, S. 14)

Kampagnenmanagement-Systeme übernehmen dabei Kernaufgaben des kommunikativen CRM. Dies setzt ein zielorientiertes Zusammenspiel mit anderen Komponenten der Systemlandschaft, in erster Linie dem Data Warehouse und Data Mining, voraus. Hinzu kommt die bidirektionale Verteilung von Informationen, d.h. die Verarbeitung von Informationen aus dem Data Warehouse und die Umsetzung von Data Mining-Ergebnissen sowie die Rückführung von Informationen (siehe dazu das folgende Kapitel).

Einer systematischen und zielorientierten Informationslogistik – in diesem Buch auch als Information Networking bezeichnet – kommt in Zukunft eine immer größere Bedeutung zu, um ungenutzte Informationspotenziale sinnvoll ausschöpfen zu können. Das Kampagnenmanagement übernimmt dabei eine Schlüsselfunktion im CRM/e-CRM.

3.1.4   Information Networking – Rückführung von Informationen in die Prozesse

Trotz der ständigen technologischen Weiterentwicklungen bezüglich Performance und Anwenderfreundlichkeit der Data Mining Tools ist eine durchgängige Integration in eine unternehmensweite CRM-Software-Landschaft in der Regel nicht gewähr-leistet. Im Idealfall sollten die Data Mining Tools gewonnene Informationen verschiedenen Anwendungen bereitstellen, ohne diese Anwendungen selbst mit hohem Zeit- und Kostenaufwand dafür anpassen zu müssen. Oft scheitern diese Ambitionen jedoch an der in der Regel heterogenen Systemlandschaft und den damit verknüpften Schnittstellenproblematiken.

Vergleicht man Information Networking von Data Mining Ergebnissen mit Data Warehousing, so fällt folgende Besonderheit auf: Während beim Data Warehousing Daten verschiedener heterogener Systeme über Extraktions-, Transformations- und Ladewerkzeuge (sog. ETL-Tools) in eine einheitliche, homogene und strukturierte Datenbank überführt werden, stellt sich bei der Überführung der Data Mining Ergebnisse der entgegengesetzte Tatbestand dar, denn Informationen sind aus einem einheitlichen Format in heterogene Systeme zurückzuführen (siehe auch Abbildung 60).

Die aus dem Data Mining Prozess gewonnenen Informationen können dabei in folgender Art und Weise vorliegen:

- Regelwerke (in der Praxis auch als Scorecode bezeichnet)

- Berechnete Scorewerte (z.B. Kaufwahrscheinlichkeiten, Cluster-Kennungen, Kreditscores etc.)

Die Weitergabe in Form von Regelwerken stellt die eleganteste Variante dar, Data Mining Ergebnisse an operative CRM-Systeme wie Kampagnenmanagement- oder Web-Applikationen weiterzuleiten, da in der CRM-Applikation eine dynamische Berechnung eines Scorewertes – in Abhängigkeit von Kundenattributen – erfolgt. Da der Scorecode in der Regel in einem proprietären Format vorliegt, sind die verschiedenen Data Mining Softwareanbieter zur Zeit bemüht, diesen Missstand zu beseitigen. Die gängigen Data Mining Tools bieten bereits die Möglichkeit, den Scorecode in den Programmiersprachen C und Java bereitzustellen, die Bereitstellung des Codes in XML ist bei sämtlichen Anbietern, nicht zuletzt aufgrund des PMML-Standards (siehe Kapitel 3.1.4.1), in der Entwicklungsphase.

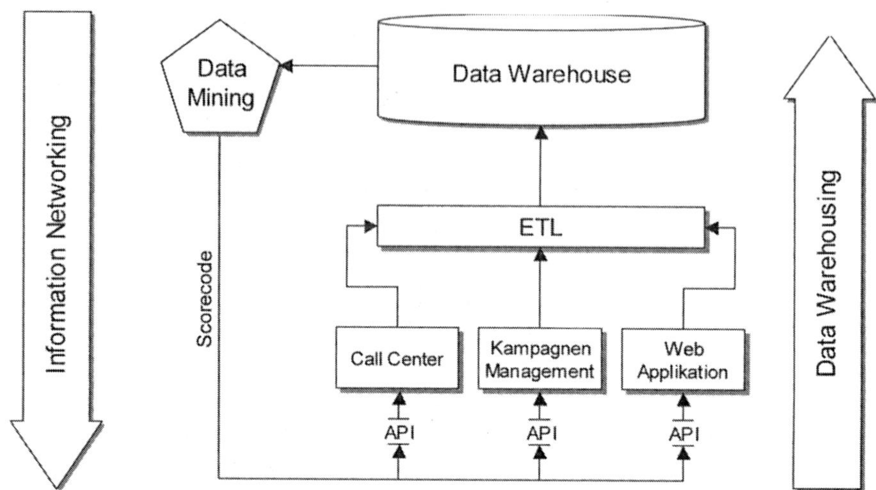

Abbildung 60: Data Warehousing vs. Information Networking

Sollen berechnete Scorewerte zwischen Anwendungen ausgetauscht werden, so erfolgt dieser Austausch in der Regel auf Datenbank-Ebene. In der Data Mining Anwendung werden Tabellen mit einer Identifier-Spalte und einem oder mehreren Score-
spalten berechnet und diese dann über ein Tabellen-Mapping an
die Zieltabelle der gewünschten Anwendung überführt.

Damit die in der Abbildung dargestellten Applikationen (z.B.
Kampagnenmanagement) auf Basis von Data Mining Analysen
mit den Kunden einen Dialog eröffnen können, ist ein standardisierter Kommunikations-Bus zwischen Data Mining Anwendungen und Kundeninteraktionsanwendungen zu etablieren.

Da sich XML (Extensible Markup Language) als Standard für den
plattform- und software-unabhängigen Datenaustausch zwischen
verschiedenen Programmen und Rechnern zu etablieren scheint,
wird im folgenden Kapitel die XML-basierte Predictive Model
Markup Language (PMML) vorgestellt, eine Datenbeschreibungs-
sprache, die von der Data Mining Group (DMG.org) als Be-
schreibungsstandard von Data Mining Modellen entwickelt wurde.

3.1.4.1   PMML – Predictive Model Markup Language

Die Entwicklung von PMML ist eng mit der Entwicklung und
Verbreitung von XML verknüpft. XML hat sich zu der Standard-
sprache zur Datenbeschreibung entwickelt, und das in relativ

kurzer Zeit. Auch wenn der Einsatz von XML-Technologie heute hauptsächlich in Verbindung mit dem Web diskutiert wird, geht ihr Anwendungsbereich weit darüber hinaus. XML findet heute verstärkt Anwendung im Datenaustausch zwischen unterschiedlichen Systemen und ist dabei weitaus flexibler als das starre Feldkonzept relationaler Daten (siehe auch S. 32). Durch XML konnte beispielsweise die Leistungsfähigkeit von Schnittstellenstandards wie CORBA und DCOM erweitert und flexibler gestaltet werden.

Eigenschaften von PMML

PMML verwendet XML zur Beschreibung von Data Mining Modellen. Dabei sind sämtliche Daten eines oder mehrerer trainierter Data Mining Modelle in einem PMML-Dokument abgelegt. Mit Hilfe des Data Dictionary werden die bei der Modellierung verwandten Variablen, deren Datentypen, Formate und Wertebereiche definiert. Ein sogenanntes Mining Schema beschreibt im Detail, in welcher Form die einzelnen Variablen tatsächlich in die einzelnen Modelle Eingang fanden. Für die verschiedenen Data Mining Modelle wurden DTDs (Document Type Definition) entwickelt, in denen die Charakteristika der Modelle (Sprachelemente und ihre Beziehungen) genau spezifiziert sind.

Ziele von PMML

Eines der Ziele bei der Entwicklung des PMML-Standards ist der beliebige Austausch von Data Mining Modellen zwischen Tools beliebiger Hersteller. Dabei soll es beispielsweise möglich sein, ein Data Mining Modell im IBM Intelligent Miner zu modellieren und nach einer Überführung des zugrunde liegenden PMML-Codes dieses Modell in SPSS Clementine wieder aufzurufen. Durch eine PMML-Standardisierung wird eine zentrale Speicherung und Verwaltung der Modelldaten ermöglicht, wodurch der Austausch von Modelldaten und die gemeinsame Bearbeitung eines Modell erleichtert wird.

Ausführung von PMML-Dokumenten

Ein PMML-Dokument stellt eine Definition eines trainierten oder parametrisierten Data Mining Modells dar mit allen Informationen, die benötigt werden, um das Modell in einer anderen Anwendung laufen zu lassen. Die Implementierung des Modells in einer anderen Anwendung läuft dabei wie folgt ab:

- Mit Hilfe eines Standard-XML-Parsers können Objekte anderer Anwendungen aus dem PMML-Dokument die Input- und die Output-Datentypen und die Parametrisierungen des Modells bestimmen und dessen Ergebnisse interpretieren. Somit besitzen externe Objekte alle Informationen zur dynamischen Programmgenerierung, um die Modelle beliebig anzuwenden.

- Mit PMML können dann analytische Modelle für intelligente Echtzeit-Kunden-Interaktionen (z.B. Personalisierung) portabel gemacht werden.

3.1.4.2   PMML und XML– Praxisbeispiel Web Mining

Die folgenden Ausführungen beschreiben am Beispiel der Data Mining Workbench SPSS Clementine, wie man sich in der Praxis eine Umsetzung eines Data Mining Modells in XML vorzustellen hat.

Ausgangsbasis   Am Beispiel eines Web Mining Projektes bei einem Online-Shop werden die einzelnen Komponenten eines PMML-Dokumentes vorgestellt. Gegenstand der Analyse waren Überlegungen, ob anhand des Navigationsverhaltens von Shop-Besuchern Aussagen bezüglich des Kaufverhaltens getroffen werden können. Ziel war die Bestimmung der Merkmale, anhand derer Käufer von Nichtkäufern unterschieden werden können.

Als Ausgangsdatensatz dienten Daten aus dem Web Server Log und der Shop-Datenbank, die im Vorfeld in einem Web Data Mart geeignet aufbereitet wurden. Die einzelnen zugrunde liegenden Variablen lassen sich nach folgenden Faktoren beschreiben: Session-ID, Referrer, Länge der Online-Session, Anzahl der Klicks, durchschnittliche Verweildauer auf den einzelnen Webseiten, diverse Dummy-Variablen der besuchten Webseiten, Dummy-Variablen über gewisse Klicksequenzen und eine Zielvariable (PURCHASE) zur Kennung, ob eine Online-Session tatsächlich zu einem Kauf geführt hat.

In Abbildung 61 ist der zugrunde liegende Data Mining Prozess in SPSS Clementine dargestellt. Die Analyse wurde mit Hilfe eines CART-Entscheidungsbaumes modelliert, wobei der Pfeil den XML-Export visualisiert („XML exportieren").

Basierend auf dem beschriebenen Web Mining Projekt werden nun auszugsweise verschiedene Elemente eines Dokumentes vorgestellt, welches einen Entscheidungsbaum mit Hilfe von XML beschreibt.

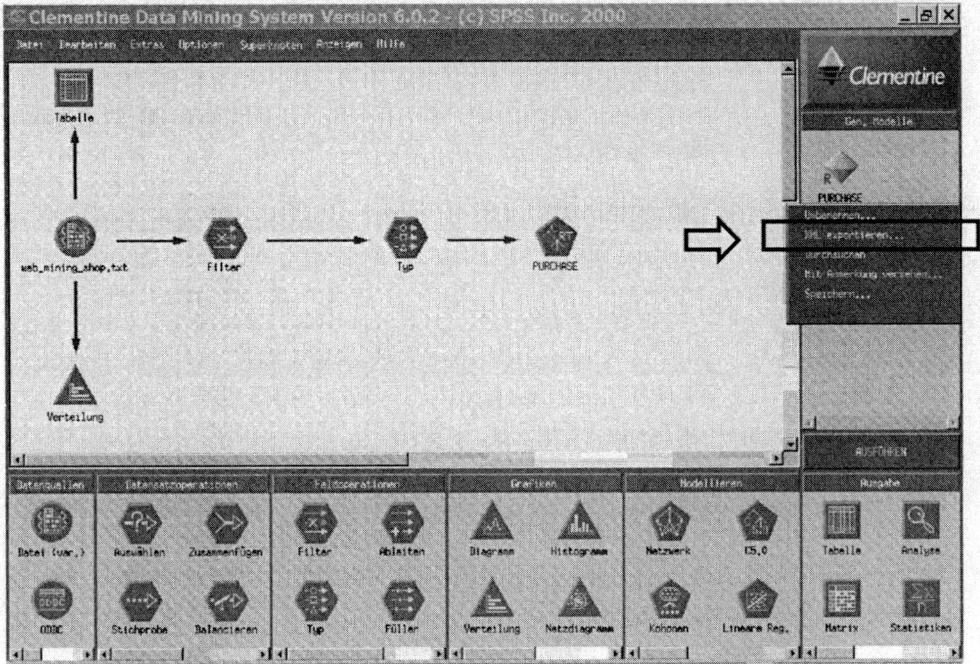

Abbildung 61: Web Mining Prozess und XML-Export

Generelle Struktur eines PMML Dokumentes

In Abbildung 62 ist ein Ausschnitt aus dem Sourcecode eines PMML-Dokumentes zu sehen. Auf den ersten Blick erscheint der Code verwirrend, obwohl dieser strukturiert aufgebaut ist.

Folgende Elemente lassen sich aus dem PMML-Dokument extrahieren:

- Header-Informationen mit Angabe der Document Type Definition (Tree.dtd).

- Das gesamte Entscheidungsbaum-Modell mit vorangehenden Informationen zum Algorithmus, zur Zielvariablen etc., eingebettet in die Tags <Tree ...> und <Tree/>

- Das Data Dictionary mit Detail-Informationen zu allen Variablen, die in das Modell eingegangen sind (hier am Beispiel der Variablen COOKIE, hinter der sich die Session-ID verbirgt). Jede Variable ist durch die Tags <Variable ...> und <Variable/> definiert. Das Data Dictionary ist durch die Tags <Dictionary> und <Dictionary/> markiert.

- Das trainierte Modell des Entscheidungsbaumes, definiert durch die Tags <RegTree ...> und <RegTree/>. Dieser Bereich ist kaskadierend aufgebaut und spiegelt die Topologie des Entscheidungsbaumes wider. Innerhalb der Tags <RegNode> und <RegNode/> befinden sich die Splitvariablen, <ScaleSplit> und <ScaleSplit/> definieren die dazugehörigen Splitkriterien.

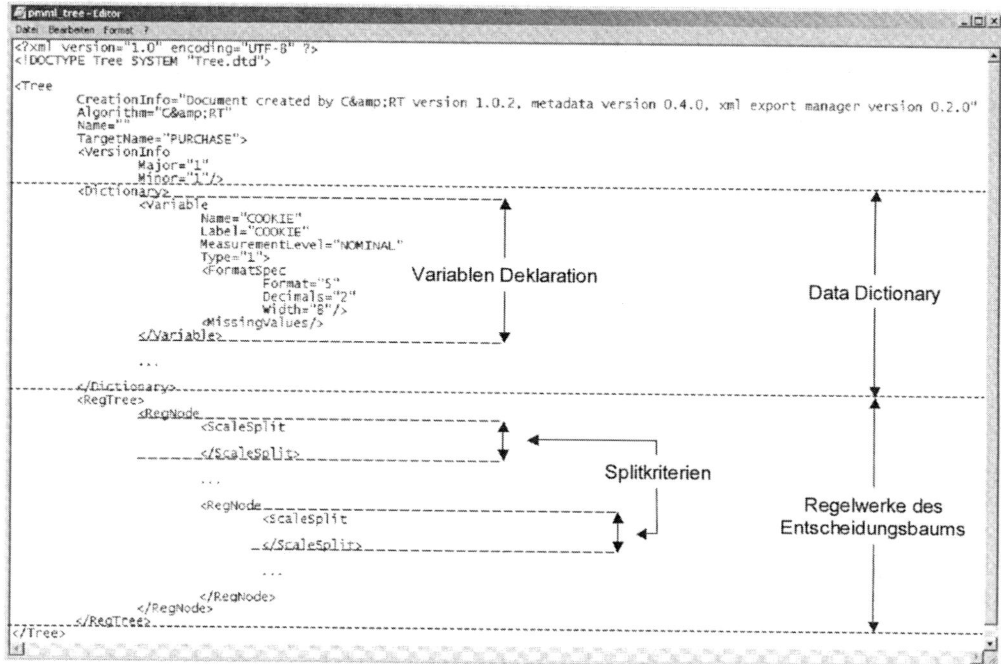

Abbildung 62: Struktur eines PMML-Dokumentes

Anhand dieses recht technischen Beispiels wird deutlich, in welche Richtungen die derzeitigen Entwicklungen im Bereich Data Mining gehen. Die unternehmensweite Bereitstellung der Data Mining Erkenntnisse für alle kundenrelevanten Prozesse wird dabei im Mittelpunkt der zukünftigen Entwicklungen stehen. Eingebettet in sogenannte Informations-Objekte stehen die in PMML abgebildeten Regelwerke den verteilten, heterogenen, objektorientierten CRM-Anwendungen zur Verfügung.

"We believe these capabilities are fundamental to effective deployment of analytical models in commercial application domains. PMML, or something very like it, is urgently needed to satisfy dramatically increased requirements for statistical and data mining tools and technologies in business systems." (DMG.org 2001).

Nachdem die verschiedenen Komponenten eines CRM-Netzwerks vorgestellt worden sind, wird in den folgenden Kapiteln die Architektur eines solchen Netzwerkes näher betrachtet. Dabei spielen neben einer rein technologischen Betrachtung auch prozesstechnische und organisatorische Aspekte eine Rolle.

3.2   Aufbau von CRM-Netzwerk-Architekturen

Die IT-Systemlandschaft von Unternehmen ist heute geprägt von einer Vielzahl heterogener und verteilter Anwendungen. Da in der Regel über verschiedene Systeme Kundendialoge abgewickelt werden, Kundendaten in diversen Anwendungen verteilt vorliegen, diese aber für andere Applikationen nicht zugänglich sind, werden hohe Anforderungen an ein umfassendes Netzwerkmanagement gestellt. Dabei ist einerseits die ständig steigende Zahl an Workstations betroffen, andererseits die Komplexität der zu leistenden Funktionen, die sich permanent erhöht. Über ein umfassendes Netzwerkmanagement wird ein reibungsloser Netzbetrieb angestrebt, der den Wünschen der Betreiber und Benutzer entspricht, der die Stillstandzeiten minimiert und der auf einer wirtschaftliches Grundlage erfolgt (Hildebrand 2001, S. 114).

Um einen Informationsaustausch zwischen mehreren verteilten Software-Anwendungen garantieren zu können, sind folgende Mindestanforderungen an Netzwerke und deren Komponenten zu stellen (Kauffels 2001, S. 59):

- *Netzsteuerung*: Bereitstellung und Verwaltung von Netzwerkbetriebsmitteln.

- *Fehlermanagement*: Fehlerprophylaxe, Fehlererkennung und Fehlerbehebung.

- *Konfigurationsverwaltung*: Funktionen zur Planung, Erweiterung und Änderung von Konfigurationen.

- *Netztuning*: Messung und Verbesserung der Performance von Zugriffen.

- *Benutzerverwaltung*: User-Einrichtung, Zugangsverwaltung, Verbrauchskontrolle, Abrechnung und Information.

Neben diesen *technischen Herausforderungen* werden jedoch auch an die zugrunde liegenden *Geschäftsprozesse* und *Organisationsstrukturen* besondere Anforderungen gestellt (Sandoe et al. 2001, S 40).

Abbildung 63: Integration und deren Herausforderungen

3.2.1   Aufbauorganisation und Mitarbeiter

Viele Unternehmen haben mit der Problematik zu kämpfen, dass eine direkte Verantwortung für einen Kunden und somit für den Aufbau einer Kundenbeziehung über diverse Funktionsbereiche im Unternehmen verteilt ist, angefangen beim Vertrieb und Marketing über das Beschwerdemanagement bis hin zum Billing. Die betroffenen Abteilungen arbeiten mehr oder weniger isoliert, benutzen dafür in der Regel spezielle proprietäre Software-anwendungen und kommunizieren dementsprechend über verschiedene Kanäle. Die Folgen sind bruchstückhafte Kundenbeziehungen, die zu Inkonsistenzen, unausgeschöpften Cross- oder Up-Selling-Potenzialen und mangelnder Kundenverantwortung führen – der Aufbau einer wirklichen Kundenbeziehung über unterschiedliche Kommunikations- und Vertriebssysteme im Sinne eines Multichannel-Ansatzes stellt Unternehmen, die derartig aufgestellt sind, vor große Probleme. Oft gelingt es Unternehmen nicht, die Vorzüge von CRM zu erkennen, weil sie die richtige Mischung aus Mensch, Prozess und Technologie nicht ausreichend berücksichtigen.

Erst die Etablierung geeigneter Geschäftsprozesse über vorhandene Funktionsbereiche hinweg ermöglicht den Aufbau, die Pflege und die Organisation von Kundenbeziehungen, indem sämtliche kundenbezogenen Aktivitäten integriert werden und somit die Defizite einer rein funktionsorientierten Aufbauorganisation beseitigt werden (Hildebrand 2000, S.181, siehe Abbildung 64).

	Vertrieb	Produktion	Material- wirtschaft	Finanzen	usw.	
Vertrieb (Angebote usw.)						Traditionelles Organisationsprinzip **Funktionen**
Montage und Fertigung						
Produkt- entwicklung						Zukünftiges Organisationsprinzip **Geschäftsprozesse**
.						
Controlling						

Abbildung 64: Organisation nach Geschäftsprozessen

Die Gestaltung und das Management kundenorientierter Prozesse und deren effektive Umsetzung mit den zugrunde liegenden IT-Technologien stellt hohe Anforderungen an die Bedürfnisse, Verhaltensweisen und Werte der Mitarbeiter. Neben der Auseinandersetzung mit den neuesten Software-Technologien und neuen kundenorientierten Prozessen werden von den betroffenen Mitarbeitern Fähigkeiten auf sozialer Ebene erwartet, um den Aufbau von Kundenbeziehungen im Dialog überhaupt zu ermöglichen. Daher ist eine kundenorientierte Ausrichtung der Organisation auch immer mit einem Change Management Prozess verbunden. Damit Mitarbeiter sich nicht gegen die Neuerungen bzw. das Ungewisse wehren, sind diese frühzeitig zu qualifizieren und mit den notwendigen Kompetenzen auszustatten. Auf Mitarbeiter im direkten Kundenkontakt kommt ein neues Aufgabengebiet zu, das diese mit einer höheren Entscheidungsbefugnis ausstattet. Um Kunden direkt bedienen zu können (z.B. im Service- oder Beschwerdefall), ist ein Wandel in der Management-Struktur notwendig, der die im Kundenkontakt stehenden Mitarbeiter mit Befugnissen ausstattet, um die Anfrage des Kunden selbstständig durchführen zu können. Verbunden mit diversen Anreizstrukturen und anderen systemischen Elementen, wie einem umfassenden internen CRM-Kommunikationsprogramm, wird die individuelle Motivation und das Engagement der Mitarbeiter gefördert.

„Über motivierte und zufriedene Mitarbeiter zu zufriedenen Kunden" stellt die Herausforderung einer kundenorientierten Organisationsstruktur dar. Die IT-Technologien unterstützen die Mitarbeiter dabei, indem sämtliche Interaktionen der Kunden mit dem Unternehmen über sämtliche Vertriebskanäle in einer zentralen Datenbank erfasst und abrufbereit sind. Viele Unternehmen messen der Technik jedoch zuviel Bedeutung bei, Prozessen und den involvierten Mitarbeitern zuwenig. Der Aufbau und die Weiterentwicklung von Kundenbeziehungen wird jedoch durch die Fähigkeiten der Mitarbeiter und der Ausrichtung und disziplinierten Verfolgung von kundenorientierten Prozessen bestimmt.

3.2.2   Ablauforganisatorische Aspekte und Prozessmanagement

Ziel des Prozessmanagements ist die prozessorientierte Gestaltung von Unternehmensabläufen, wobei ein Geschäftsprozess eine Folge von Transaktionen zwischen betrieblichen Objekten (Mitarbeiter, maschinelle Aufgabenträger, Kunden, Lieferanten) darstellt. Ein Geschäftsprozess besteht aus einer Aneinanderreihung von Geschäftsvorgängen, die von den jeweiligen betrieblichen Objekten bearbeitet werden (Stickel 2001, S. 135). Abbildung 65 stellt einen einfachen kundenrelevanten Geschäftsprozess dar (Jaeschke 1995, S. 158).

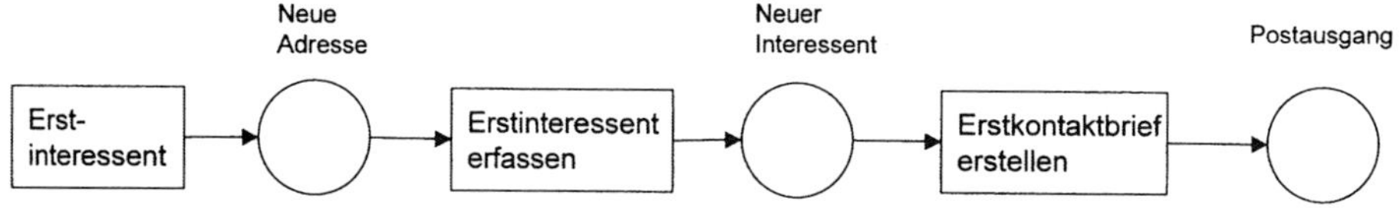

Abbildung 65: Geschäftsprozess „Bearbeitung neuer Adressen"

Die Kundenorientierung verlangt von Unternehmen ein radikales Umdenken – das Denken in Abläufen beherrscht zunehmend die Unternehmensorganisation. Die in der Vergangenheit vorherrschende Gewichtung der Aufbauorganisation tritt zunehmend in den Hintergrund, das bereichs- und funktionsübergreifende Denken in Unternehmensabläufen bzw. die Ablauforganisation tritt zunehmend in den Mittelpunkt des Interesses (Stickel 2001, S. 136).

Eine sorgfältige Modellierung aller kundenrelevanten Prozesse bildet die Ausgangsbasis für die Einführung von CRM-Applikationen und stellt somit einen der Schlüsselfaktoren für sämtliche Integrationsbemühungen dar. Dabei ist zu beachten, dass sämtliche Geschäftsvorgänge wertschöpfend für das Unternehmen sind, d.h. mit der Leistungserstellung (Produkte, Dienstleistungen, Service) verbunden sein sollten und damit direkt auf den Erfolg des Unternehmens Einfluss nehmen (Stickel 2001, S. 136).

In den vergangenen Jahren haben Unternehmen im Rahmen von Business Process Reengineering Projekten die Verbesserung interner Prozessabläufe vorangetrieben. Im Rahmen einer kundenorientierten Ausrichtung stehen jedoch zusätzlich extern orientierte, zum Kunden gerichtete Prozessabläufe im Fokus.

Abbildung 66 visualisiert am Beispiel eines Telekommunikations-Unternehmens typische CRM-Prozessabläufe.

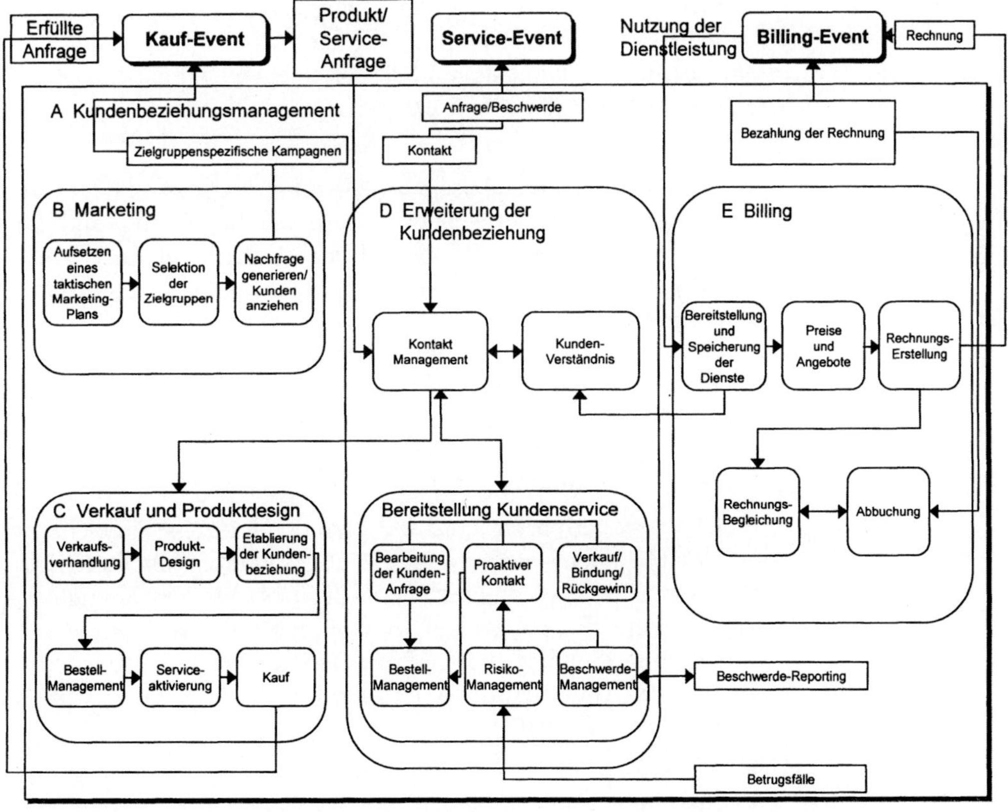

Abbildung 66: CRM-Prozesse (Graham et al. 1998, S. 28)

Prozess-Ergebnisse

Folgende Auflistung beschreibt jeweils die Ergebnisse der unterschiedlichen Teilprozesse:

- A: Kunden, welche die Dienstleistung in Anspruch nehmen;
- B: Nachfrage nach Produkten/Dienstleistungen;
- C: Aufbau einer Kundenbeziehung;
- D: Zufriedene Kunden;
- E: Bezahlung der Dienste und Services.

Ein Schlüsselelement der Prozessorientierung ist die Einbindung der Bedürfnisse der Kunden in die eigene Organisationsstruktur. Die während eines Kundendialoges wahrgenommenen Reaktionen sind integraler Bestandteil der CRM-Prozesskette und verlangen ein sorgfältiges Prozessdesign bei der Abbildung der Kundeninteraktionen. Durch geeignet aufgesetzte Prozesse werden sämtliche kundenrelevanten Informationen funktionsübergreifend zugänglich gemacht und dadurch ein ganzheitliches Kundenbeziehungsmanagement erst ermöglicht (Graham et al. 1998, S. 28).

Ein prozessorientierter Ansatz zum Aufbau und zur Pflege von Kundenbeziehungen erleichtert zudem die Bewertung und Berechnung der Kosten, die während der Kundeninteraktion anfallen. War es in funktionsorientierten Organisationen nahezu unmöglich, die Kosten über die unterschiedlichsten beteiligten Abteilungen eindeutig zuzurechnen, können die angefallenen Kosten den jeweiligen Prozessen und Teilprozessen zugeordnet werden. Eine Möglichkeit zur Ermittlung der Kosten eines Geschäftsprozesses stellt beispielsweise das Instrumentarium der Prozesskostenrechnung dar.

In der Praxis erfordert eine kundenorientierte Neuausrichtung des Unternehmens eine radikale Neugestaltung von Geschäftsprozessen. Durch ein umfassendes Business Process Reengineering soll eine bessere Ablauf- und Organisationsstruktur erzielt werden, um dadurch die Leistungsfähigkeit und Wettbewerbsfähigkeit des Unternehmens (Lieferzeit, Qualität etc.) zu verbessern (Hildebrand 2001, S. 126).

Die wesentlichen Punkte und Kernaussagen des Business Process Reengineering lassen sich wie folgt beschreiben (Pietsch et al. 1995, S. 503 f.):

- Informations- und Kommunikationstechnologie als Gestaltungselement beim Entwurf und der Umsetzung neu gestalteter Prozesse.

- Wertorientierte Straffung der betrieblichen Abläufe, d.h. nichtwertschöpfende Vorgänge sind demnach überflüssig und gegebenenfalls zu eliminieren.

- Prozessintegration durch informationstechnische Verkettung von Geschäftsvorfällen bzw. bereichsübergreifende Prozessketten.

- Anpassungsfähigkeit (Lernfähigkeit von Unternehmen).

- Nutzung und Erhaltung des Wertes bestehender IT-Applikationen.

- Kundenorientierung.

Das Redesign von Geschäftsprozessen im Sinne einer kundenorientierten Ausrichtung und die unternehmensweit vorhandenen IT-Applikationen sind sehr eng miteinander verzahnt. Zwischen der Informationstechnologie und Business Process Redesign besteht in der Regel eine rekursive Beziehung (Hildebrand 2001, S. 126).

Abbildung 67: IT und Business Process Design (Davenport et al. 1990, S. 12)

Im Folgenden wird die informationstechnische Infrastruktur eines CRM-Netzwerkes vorgestellt.

3.2.3   IT-technische Integrationsaspekte

Um Kundenbeziehungsmanagement erfolgreich durchführen zu können, sind alle kundenrelevanten Informationen zu integrieren und zu bündeln. Neben Vertrieb, Marketing und Service sollten auch Back-Office Abteilungen wie Produktion, F&E und Logistik jederzeit ein umfassendes und aktuelles Bild über die Kundenbeziehungen besitzen. Dabei werden an die zugrunde liegenden Informationssysteme extrem hohe Anforderungen gestellt.

Der Integrationsaspekt der verschiedenen Anwendungen steht dabei klar im Mittelpunkt. Unterschiedlichste Systemlandschaften gilt es zu integrieren (z.B. ERP-Plattformen, Legacy-Systeme, Web Applikationen, Call Center Lösungen, SFA-Tools, Data Warehouse, Kampagnenmanagement-Lösungen, die Liste ließe sich beliebig fortsetzen). Die Integration der in der Regel heterogenen Software-Applikationen bedeutet jedoch einen hohen Aufwand zur Anbindung, Versorgung und Synchronisation der kundenrelevanten Prozesse und Daten. Gerade bei der konsistenten Einbindung aktueller Kundendaten (Zero-Latency-Zugriff) aus den verschieden Systemen stellt sich die Frage nach dem führenden System für die Kundendatenbank. Verteilte, in der Regel redundant gehaltene Kundendaten haben oft nicht die Aktualität, die in der Praxis von den Systemen verlangt werden.

Ein Großteil der am Markt erhältlichen CRM-Lösungen sind Front-Office-Applikationen, welche die gesamte Kundenschnittstelle abdecken – vom Marketing über den Vertrieb bis hin zum Service. Die Folge sind sehr komplexe Applikationspakete, deren Integration in Back-Office-Systeme nur unzureichend realisiert ist. Viele Lösungen werden dem Anspruch an ein unternehmensweites Kundenbeziehungsmanagement nicht gerecht, so dass eine echte Optimierung für Kunden und Mitarbeiter nur sehr schwer zu realisieren ist. Dabei reicht es heutzutage nicht mehr aus, unternehmensintern eine Systemintegration abgeschlossen zu haben, Supply-Chain-Management (siehe dazu S. 33 ff.) und die Anbindung an komplexe Web-Applikationen stellt neue Anforderungen an die Realisierung unternehmensübergreifender Prozesse.

Da die technologischen Anforderungen an eine unternehmensweite Integration der betroffenen Applikationen ein methodisches Vorgehen erfordern, wurden unter dem Schlagwort Enterprise Application Integration (EAI) Technologien entwickelt, deren Fokus die nahtlose Integration heterogener verteilter Systeme ist. Dabei nutzen EAI-Lösungen die Möglichkeiten der Informationstechnik, um heterogene Applikationen zu einer einheitlichen Systemlandschaft zusammenzuführen, damit sowohl Prozesse als auch Daten untereinander ausgetauscht werden können. Da eine erfolgreiche CRM-Einführung aus technologischer Sicht eine Vielzahl unterschiedlicher Applikationen anspricht, werden Unternehmen im Rahmen eines CRM-Projektes ohne den Einsatz von EAI-Technologien viele erhoffte Potenziale nur teilweise ausschöpfen können.

3.3   Enterprise Application Integration – EAI

Auf die Bedeutung, die im Rahmen von CRM-Projekten Integrations-Fragestellungen zukommt, wurde bereits mehrfach hingewiesen. CRM-Projekte beschränken sich nicht auf die Einführung einer „Stand-Alone"-Software, sondern erfordern die nahtlose Einbettung der CRM-Applikationen in vorhandene Architekturen. Dabei ist die Idee von EAI – die Integration von heterogenen Applikationen – als solche nicht neu, die zugrunde liegenden Werkzeuge und Softwaretechnologien erlauben mittlerweile jedoch Integrationen, die in der Vergangenheit mit herkömmlicher Middleware schlichtweg nicht möglich waren.

Mit Hilfe von EAI-Technologien werden systemübergreifende Geschäftsprozesse so abgebildet, dass die am Geschäftsprozess beteiligten Systeme in der Lage sind, prozessrelevante Daten miteinander in geeigneter Form auszutauschen. Dabei wird der uneingeschränkte Austausch von Daten und Prozessen ermöglicht, ohne die zu integrierenden Applikationen und Datenstrukturen mit aufwändigen Programmierungen individuell anpassen zu müssen.

Bei bisherigen Integrationsansätzen über traditionelle Middleware wurden die betroffenen Applikationen in der Regel direkt miteinander verknüpft. Um einen bidirektionalen Datenfluss gewährleisten zu können, benötigt man die gemäß folgender Formel berechnete Schnittstellenanzahl:

$$(n \times (n-1)) / 2$$

n = Anzahl der Applikationen

Dabei kann es schnell zu einer Explosion der Schnittstellenzahl kommen. EAI-Tools lösen diese Problemstellung durch den Einsatz von Busarchitekturen. Dabei sind alle Quell- und Zielsysteme um einen Datenbus angeordnet, mit dem sie über sogenannte Connectoren verbunden sind. Dieser Ansatz reduziert selbst in komplexen Integrationsszenarien die Gesamtanzahl der benötigten Schnittstellen auf die einfache Anzahl der angeschlossenen Quell- und Zielsysteme. Neben der Explosion der Schnittstellen hat man darüber hinaus bei traditionellen Ansätzen mit der Problemstellung zu kämpfen, sämtliche Verbindungen und Schnittstellen nicht zentral administrieren zu können. Zusätzlich sind Integrationen mit ressourcenintensiven Softwareprogrammierungen an den jeweiligen Applikationsschnittstellen verknüpft.

Traditionelle Ansätze und EAI unterscheiden sich nach Linthicum (1999, S. 5 f.) wie folgt:

- EAI konzentriert sich auf die Integration von Geschäftsprozessen und Daten im Gegensatz zu den eher datenorientierten traditionellen Middleware-Lösungen.

- EAI propagiert die Idee der Wiederverwendung als auch der Verteilung von Geschäftsprozessen und Daten.

- Mit Hilfe von EAI sind Integrationen von Applikationen schneller und einfacher als bisher möglich, da vordefinierte Schnittstellen weniger detaillierte Kenntnisse der jeweiligen Applikationen erfordern.

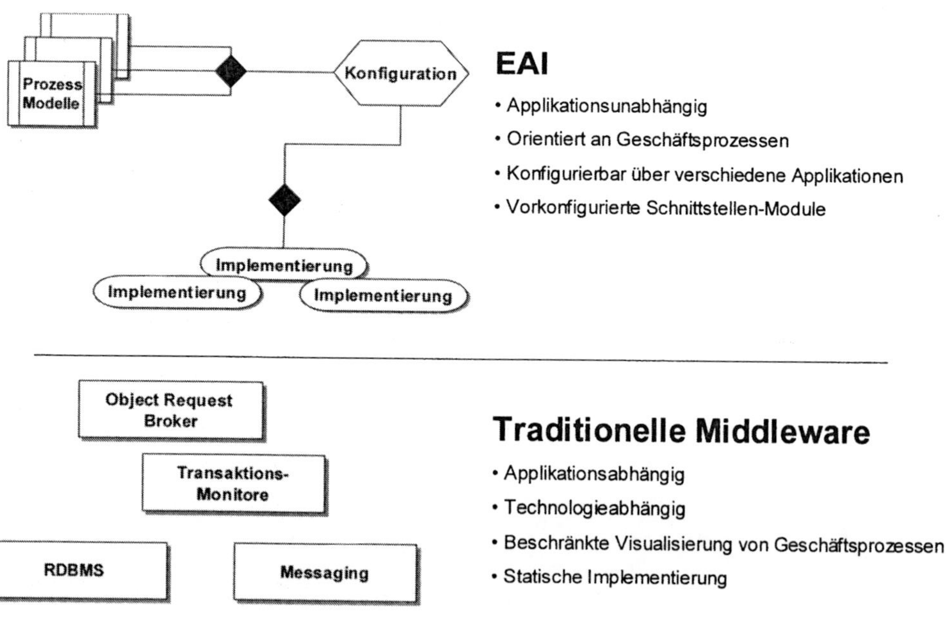

Abbildung 68: EAI vs. traditionelle Middleware

In Abbildung 68 sind die Unterschiede zwischen traditionellen Integrationsfragestellungen und EAI gegenübergestellt (Linthicum 1999, S. 6).

Neben unternehmensinternen Integrationsaspekten bekommen unternehmensübergreifende Integrationsszenarien eine zunehmende Bedeutung. Die Zahl der Unternehmen, die mit Geschäftspartnern und Kunden über E-Commerce-Anwendungen oder virtuelle Marktplätze (vgl. Kapitel 1.2.3) kommunizieren, nimmt ständig zu. Voraussetzung ist jedoch mit den jeweiligen Zielsystemen, Datenformaten und unterschiedlichen Kommunikationswegen umgehen zu können. Supply-Chain-Management erfordert beispielsweise unternehmensübergreifende Integrationen, um den Informationsaustausch zwischen Unternehmen garantieren zu können.

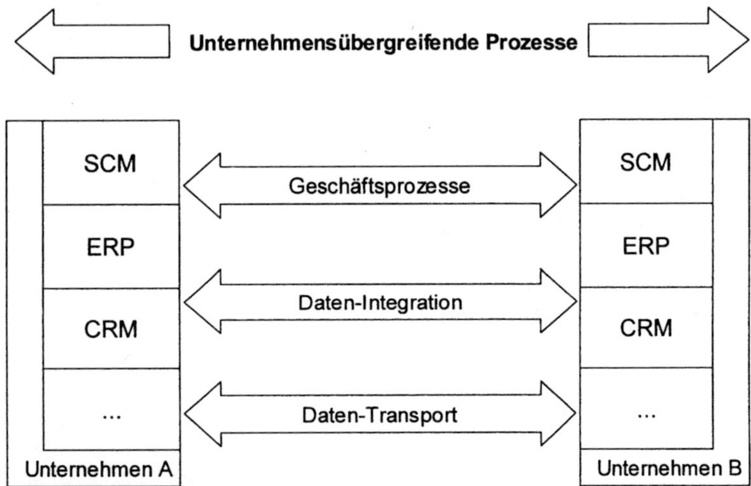

Abbildung 69: EAI und unternehmensübergreifende Prozesse (in Anlehnung an Linthicum 1999, S. 16)

3.3.1   EAI-Typologien

Eine erfolgreiche Integration von CRM-Applikationen (Sales Force Automation (SFA), Kampagnenmanagement, Data Warehouse, Data Mining etc.) setzt das Verständnis aller relevanten Geschäftsprozesse und Daten voraus. Dabei ist genau zu spezifizieren, welche Geschäftsprozesse und Daten applikationsübergreifend zu integrieren und zu automatisieren sind. Dabei kann der EAI-Prozess mit Hilfe der folgenden Dimensionen beschrieben werden (Linthicum 1999, S. 18):

- Datenbank-Ebene

- Applikationsschnittstellen-Ebene

- Methoden-Ebene

- User-Interface-Ebene

EAI auf Datenbank-Ebene

EAI auf Datenbank-Ebene ist der Prozess, die Technik und die Technologie, um Daten zwischen Datenbanken unterschiedlicher Applikationen auszutauschen und gegebenenfalls zu transformieren unter Berücksichtigung der zugrunde liegenden Geschäftslogik. EAI auf Datenbank-Ebene stellt im Vergleich zu den anderen EAI-Ebenen die kostengünstigste Alternative dar, da die betroffenen Applikationen in der Regel nur minimal angepasst werden müssen. Je nach Problemstellung kann eine Integration auf Datenbank-Ebene jedoch den EAI-Anforderungen nicht immer gerecht werden. Ist die den Applikationen zugrunde liegende Datenbank nicht völlig von der Applikationslogik entkoppelt, kann eine Integration auf Datenbank-Ebene durchaus ein aufwändiger Prozess sein.

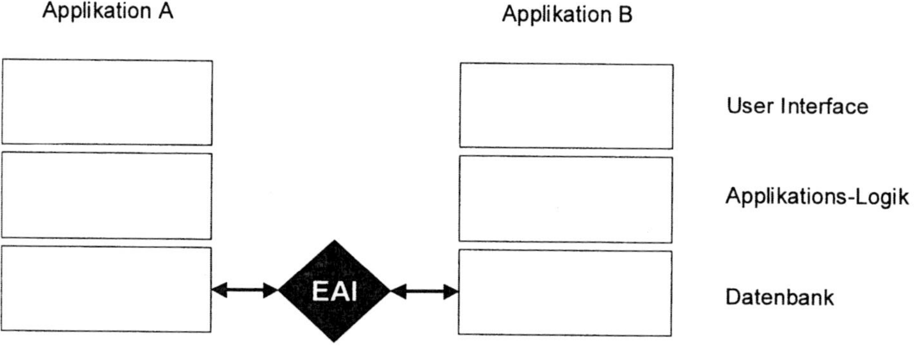

Abbildung 70: EAI auf Datenbank-Ebene (Linthicum 1999, S. 24)

EAI auf Applikationsschnittstellen-Ebene

Eine Integration auf Applikationsschnittstellen-Ebene stellt im Vergleich zur Integration auf Daten-Ebene die flexiblere Variante dar. Diese Art der Integration findet Anwendung bei Integrationen von ERP-Systemen, wie z.B. SAP R/3 oder Peoplesoft. Dabei werden von den Applikationen dedizierte Schnittstellen, sogenannte APIs (Application Programming Interfaces) für Prozedur- bzw. Methodenaufrufe bereitgestellt, um neben Datenzugriff auch einen Zugriff auf Geschäftsprozesse zu ermöglichen. Dabei sind die relevanten Informationen aus den Applikationen zu extrahieren, in ein für die Zielapplikation verständliches Format zu transformieren und zu übertragen. Nachdem APIs in der Vergangenheit eher proprietärer Art waren, werden heute Standards wie Java's RMI (Remote Method Invocation), CORBA (Common Object Request Broker Architecture), IIOP (Internet Inter-ORB Protocol) oder Microsofts DCOM (Distributed Component Object Model) unterstützt, um die heterogenen Systemwelten besser beherrschbar zu machen. Da Hersteller großer ERP- oder CRM-Systeme den direkten Zugriff auf die Datenbank oft nicht gestatten, stellen APIs vielfach die einzige Möglichkeit dar, um Daten und Applikationslogik auch außerhalb der gekapselten Applikationen verfügbar zu machen.

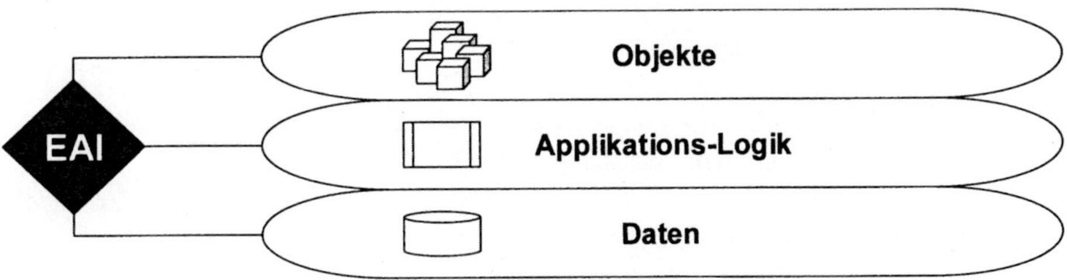

Abbildung 71: EAI und APIs (Linthicum 1999, S. 48)

Über APIs werden unterschiedliche Integrationsaspekte bereitgestellt, um Informationen zwischen Applikationen auszutauschen. Neben Zugriff auf Geschäftslogik und Daten können diese in Form von gekapselten Objekten bereitgestellt werden, um über eine Standardschnittstelle wie CORBA anderen Applikationen zur Verfügung zu stehen.

Eine weitere Möglichkeit, Applikationsinformationen anderen Applikationen zur Verfügung zu stellen, kann in Form von Wrappern (auch bekannt als Adapter) realisiert werden. Dabei wird eine vorhandene Applikation derartig modifiziert, dass diese für andere Applikationen als verteiltes Objekt wahrgenommen wird. Dadurch kann die interne Applikations-Logik innerhalb einer verteilten Objektarchitektur wie CORBA oder COM anderen Applikationen zur Verfügung gestellt werden.

EAI auf Methoden-Ebene   EAI auf Methoden-Ebene ermöglicht den Austausch von Geschäftslogik über verschiedene Applikationen hinweg. Dabei bauen verteilte Applikationskomponenten auf der Idee verteilter, kommunizierender Objekte auf, die gegenseitig ihre Methoden aufrufen können. Der Zugriff auf gemeinsam genutzte Methoden erfolgt entweder über einen zentralen Application-Server, auf dem die Methoden zentral gehostet werden oder über standardisierte Frameworks wie CORBA und COM/DCOM, welche sicherstellen, dass die Interaktion zwischen einzelnen verteilten Applikationskomponenten gewährleistet ist.

EAI auf User-Interface-Ebene

Bestehen keinerlei Integrationsmöglichkeiten auf Daten- oder Geschäftsprozess-Ebene, so kann die Benutzerschnittstelle als EAI-Ebene dienen. Auch wenn diese Art der Integration technologisch weniger anspruchsvoll ist und der Endanwender in den Integrationsprozess involviert ist, stellt diese Art der Integration über speziell bereitgestellte Screens oft die einzige Möglichkeit dar, um Daten zwischen verschiedenen Applikationen auszutauschen.

3.3.2   EAI-Architekturen

Um ein Verständnis für EAI-Architekturen zu erhalten, werden nachfolgend Technologien zur Kommunikation über Applikationsgrenzen und standardisierte Frameworks für Applikationskomponenten vorgestellt.

3.3.2.1   EAI-Kommunikation

Zur Realisierung einer Kommunikation zwischen verschiedenen verteilten Applikationen sind im Wesentlichen zwei Integrationsformen von Bedeutung:

- MOM (Message-oriented Middleware)

- RPC (Remote Procedure Call)

MOM

Die Kommunikation über Nachrichten wird auch als Messaging oder Message-Passing bezeichnet. Messaging ist aus technischer Sichtweise über Send- und Receive-Schnittstellen realisiert, d.h. bevor eine Nachricht vom Empfänger verarbeitet wird, steht diese in einer Warteschlange (Queue) oder ist in einer Mailbox abgelegt. Messaging und Queuing stellen in MOM die beiden Kernmechanismen beim asynchronen Austausch von Nachrichten dar, wobei die Nachrichten allgemein auch als Sammlungen von Datenobjekten definiert werden können (Dolmetsch 2000, S. 74). Mit Hilfe von durchdachten Mechanismen, wie z.B. Message-Persistenz, kann MOM gewährleisten, dass die Verteilung einer Message von einer Applikation A zu einer Applikation B fehlerfrei durchgeführt werden kann.

Generell lassen sich MOM in folgende zwei Modelle aufteilen:

- *Process-to-Process-Modell:* Im Process-to-Process-Modell müssen sowohl der sendende als auch der empfangende Prozess aktiv sein, um Nachrichten untereinander austauschen zu können.

- *Message-Queing-Modell:* Das Message-Queing-Modell speichert die Nachrichten in einer Warteschlange (Queue), so dass letztendlich nur ein Prozess aktiv sein muss. Diese Nachrichtenverarbeitung erscheint dann sinnvoll, wenn einzelne Applikationen nicht permanent aktiv sind, Netzwerke nicht verfügbar sind oder die Bandbreite von Netzwerken temporär nicht ausreichen, um eine Kommunikation durchzuführen. In Abbildung 72 ist das Message-Queing-Modell mit seinen einzelnen Bestandteilen aufgeführt.

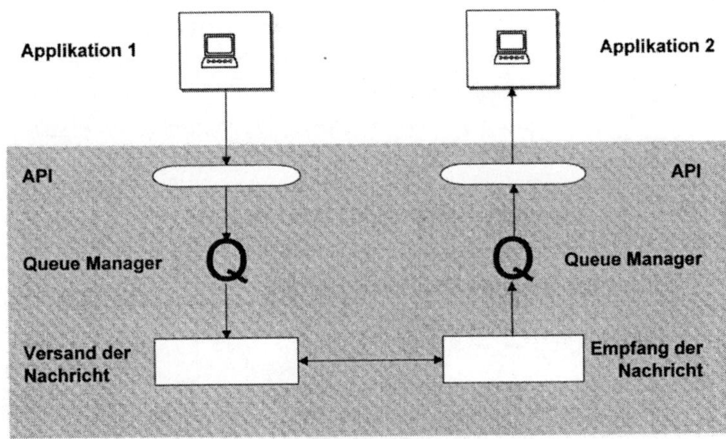

Abbildung 72: Message-Queing-Modell (Linthicum 1999, S. 167)

RPC

Remote Procedure Calls stellen einen weiteren Mechanismus zur Kommunikation verteilter Applikationen dar. Im Gegensatz zum Messaging können RPCs direkt die gewünschten Prozeduren bzw. die in verteilten Objekten eingebetteten Methoden ansprechen. Dabei besteht ein RPC aus einer Anfrage und einem zurückgelieferten Ergebnis. Im Vergleich zu MOM ist die Funktionsweise in der Regel synchron, d.h. die Abarbeitung eines Programmes wird gestoppt, um beispielsweise einen Remote Procedure Call auf einem Server abzusetzen. Auch wenn viele Programmiersprachen den Aufruf von Prozeduren und Methoden aus einem Programm heraus ermöglichen, kann RPC diesen Mechanismus auf Prozedur- bzw. Methodenaufrufe über Rechnergrenzen hinweg erweitern (Dolmetsch 2000, S. 74). Die Vorteile von RPCs liegen in einem relativ einfachen Funktionsmechanismus, die Nachteile in der Skalierbarkeit und negativen Auswirkungen auf die Performance betroffener Applikationen.

MOM und RPC im Vergleich

Die Kommunikation zwischen verschiedenen Applikationen kann sowohl über MOM als auch über RPC synchron als auch asynchron erfolgen. Während RPCs in der Regel synchron realisiert sind, handelt es sich beim Messaging um ein inhärent asynchrones Verfahren, da die kommunizierenden Prozesse beim Sender und Empfänger gleichberechtigt im Sinne eines Produzenten-Konsumenten-Verhältnisses miteinander in Verbindung stehen (Dolmetsch 2000, S. 75). Hat der Produzent eine Nachricht verschickt, ist der Prozess auf seiner Seite beendet oder er wird fortgesetzt, ohne auf eine Antwort warten zu müssen. Der empfangende Konsument kann die Nachricht sofort verarbeiten oder in einem Buffer vorhalten und erst bei Bedarf verarbeiten. Der Produzent empfängt die Antwort auf die ursprünglich gesendete Nachricht als gesonderte Nachricht, welche als separater Prozess zu verstehen ist.

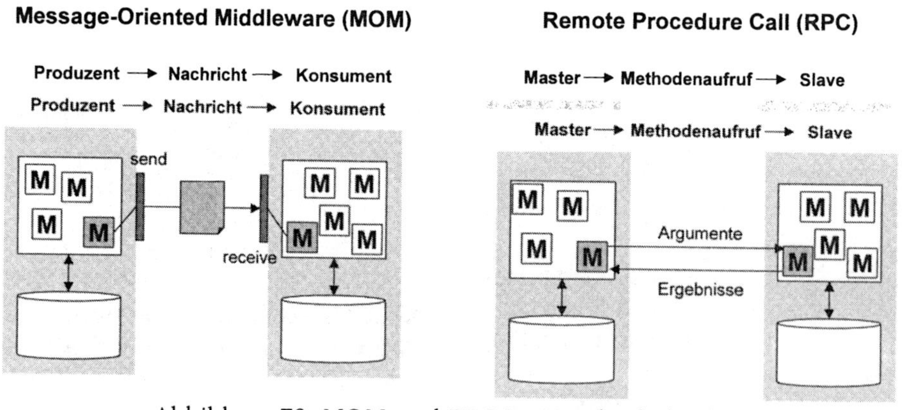

Abbildung 73: MOM und RPC im Vergleich (Dolmetsch 2000, S. 75)

Betrachtet man den Methodenaufruf der RPC im Vergleich, so kann man die Kommunikation zwischen zwei Systemen als Master-Slave-Beziehung darstellen. Der aktive Prozess im Master übergibt den Kontrollfluss der Programmabarbeitung mit dem

Prozedur- bzw. Methodenaufruf und den entsprechenden Übergabeparametern an den Slave (Dolmetsch 2000, S. 75). Da der Master im synchronen Fall den Prozess so lange blockiert, bis die gewünschten Ergebnisse der aufgerufenen Prozedur bzw. Methode wieder empfangen werden, besteht hier natürlich die Gefahr eines Bottlenecks in Bezug auf die Performance.

Da ein RPC im Unterschied zum Messaging eine Prozedur oder Methode direkt über den Namen aufruft, spricht man bei RPCs auch von einem expliziten Aufruf, bei MOM von einem impliziten Aufruf (Dolmetsch 2000, S. 76).

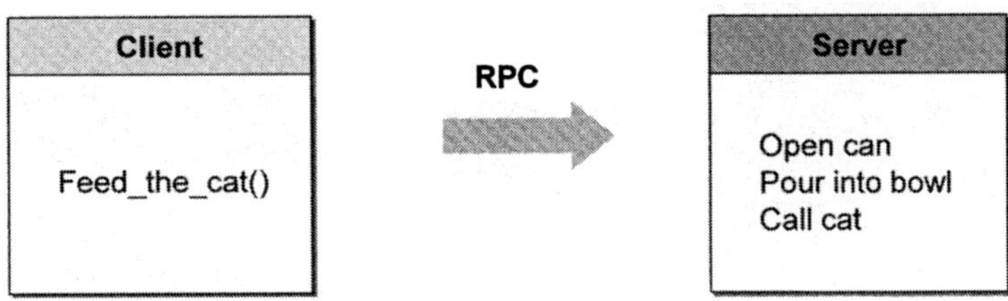

Abbildung 74: Beispiel eines RPCs (Linthicum 1999, S. 122)

Message Broker

Da MOM keine komplette Infrastruktur für EAI bereitstellen kann, wurden sogenannte Message Broker entwickelt, die zusätzlich zu der Nachrichtenübertragung Funktionalitäten zur Datentransformation, intelligentem Routing und event-gesteuerter Datenverarbeitung bereitstellen können, um Informationen zwischen den Unternehmensapplikationen auszutauschen.

Je nachdem, welche Gewichtung Message Brokern in der unternehmensweiten Systemarchitektur zukommt, sind verschiedene Topologien ratsam. Der traditionelle Ansatz ist die Hub-and-Spoke-Topologie, während eine Multi-Hub-Architektur bezüglich Skalierbarkeit und Flexibilität einer Hub-and-Spoke-Architektur überlegen ist. Eine reine Bus-Topologie findet eher dann Anwendung, wenn Message Brokern im Rahmen von EAI eher eine geringe Rolle zukommt (Linthicum 1999, S. 315).

Message Broker haben den Anspruch, Schnittstellen für Applikationen diverser Softwarehersteller bereit zu stellen, ohne in deren Anwendungen programmiertechnisch eingreifen zu müssen. Die Möglichkeit der nicht-invasiven Einbindung wird durch eigene Adapter und Connectoren erzielt, welche die von der zu integrierenden Anwendung bereitgestellte Schnittstelle für den Datenaustausch abbilden. Message Broker zentralisieren alle Schnittstellen mit den anzubindenden Applikationen über einen Integrations-Hub, sodass jede dieser Applikationen genau eine Schnittstelle zum Message Broker hat. Dieser hat die Aufgabe, die Nachrichten an die anderen Zielanwendungen weiter zu leiten und in das entsprechende Zielformat zu übersetzen.

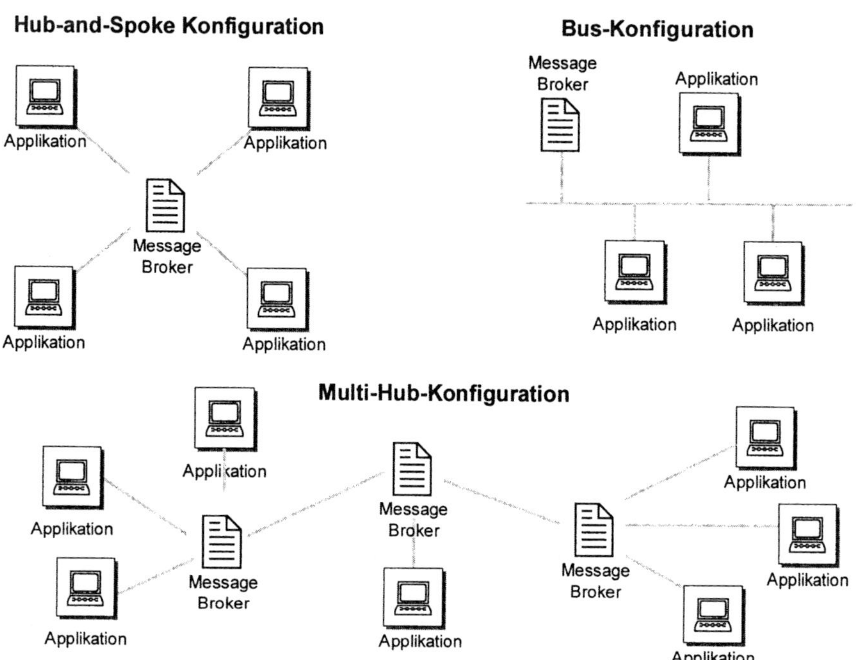

Abbildung 75: Topologien von Message Brokern

XML

Die Extensible Markup Language (XML) ist eine textbasierte Meta-Auszeichnungssprache, die es ermöglicht, Daten bzw. Dokumente derart zu beschreiben und zu strukturieren, dass sie – vor allem über das Internet – zwischen einer Vielzahl von Anwendungen ausgetauscht und weiterverarbeitet werden können (vgl. Kapitel 1.2.4, S. 32). Dabei beschränkt sich das Einsatzgebiet von XML jedoch nicht auf die internetbasierte Geschäftskommunikation, sondern bekommt eine zunehmende Bedeutung für Integrationsfragestellungen rund um EAI, da mit XML ein plattformübergreifendes und anwendungsneutrales Datenaustauschformat zur Verfügung steht. XML stellt eine Schlüsseltechnologie dar, um beispielsweise Nachrichten, die in XML beschrieben sind, zwischen Anwendungen auszutauschen. Zudem können XML-Dokumente beliebige Business Objects (BOs) abbilden und ansprechen.

Interessante Entwicklungen sind im Zusammenhang mit Java zu erwarten, da XML ebenfalls plattformunabhängig ist und nicht nur Textdaten, sondern grundsätzlich beliebige, textuell kodierbare Formen von Daten speichern kann. XML bietet damit eine sehr gute Basis für Messaging und Protokolle. Durch die plattformunabhängige Beschreibung der Daten wird eine Basis geschaffen, die es den zu integrierenden Applikationen erlaubt, über ein plattformübergreifendes und anwendungsneutrales Datenaustauschformat problemlos auf die Informationen zuzugreifen.

3.3.2.2   EAI-Applikationskomponenten

Mit Hilfe standardisierter Frameworks für Applikationskomponenten kann sichergestellt werden, dass für die Interaktion und Kommunikation zwischen Applikationskomponenten keine erneute Kompilierung notwendig ist, sondern die Komponenten Daten nach vordefinierten Regeln über eine standardisierte Schnittstellensprache austauschen können (Dolmetsch 2000, S. 77). Dabei ist die Programmiersprache, in der die einzelnen Applikationselemente realisiert worden sind, irrelevant für deren Kommunikation.

Mit CORBA (Common Object Request Broker Architecture) und COM (Component Object Model) stehen Standards für die Entwicklung verteilter heterogener Anwendungen bereit. Diese Standards beinhalten Regeln und Spezifikationen, um die Kommunikation zwischen Applikationskomponenten zu realisieren. Dabei ermöglichen die Protokolle IIOP (Internet Inter-ORB Protokoll) und DCOM (Distributed Component Object Model) die Kommunikation über Rechnergrenzen hinweg und somit die Kommunikation verteilter Applikationskomponenten (Dolmetsch 2000, S. 78). Zunehmende Bedeutung in den letzten Jahren (und in der Zwischenzeit in den meisten Application-Servern als Komponentenmodell erfolgreich unterstützt) erfuhr das Java-Beans-Komponentenkonzept und dessen Weiterentwicklung in Enterprise JavaBeans von Sun Microsystems. Zwar sind Enterprise JavaBeans nicht sprachunabhängig, da diese in Java geschrieben und in entsprechenden Bytecode kompiliert vorliegen, sie sind jedoch durch die Ausführbarkeit auf Java Virtual Machines und der breiten, herstellerübergreifenden Unterstützung von Java quasi plattformunabhängig.

CORBA   Die Object Management Group (OMG) ist für die Erstellung und Förderung des CORBA-Standards verantwortlich. Bei der OMG handelt es sich um ein Konsortium, das aus mehr als 800 Mitgliedsunternehmen besteht. Die OMG widmet sich dem Ziel, die Interoperabilität, die Wiederverwendbarkeit und die Portierbarkeit von Software zu maximieren (Schettino et al. 2000, S. 49). Die OMG hat mit der CORBA-Referenzarchitektur einen Interaktionsmechanismus zwischen verteilten Anwendungen definiert, wobei sich die OMG auf die Spezifikation von Schnittstellen beschränkt. CORBA kann als ein programmiersprachenunabhängiger Rahmen bezeichnet werden, der sowohl für die Entwicklung neuer Komponenten als auch für die nachträgliche Integration getrennt voneinander entwickelter Applikationskomponenten entwickelt worden ist (Dolmetsch 2000, S. 78).

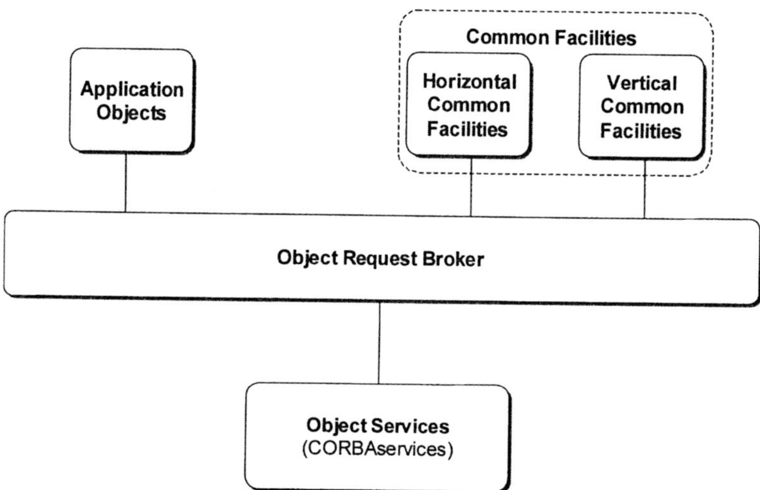

Abbildung 76: Object Management Architecture der OMG

Die OMG liefert mit der Object Management Architecture (OMA) eine Spezifikation, in der beschrieben ist, wie CORBA die verschiedenen Spezifikationen, Dienste und Einrichtungen zusammenhält (Schettino et al. 2000, S. 50). Dabei setzt sich die OMA im Wesentlichen aus den folgenden Komponenten zusammen:

- *Object Request Broker (ORB)*: Der ORB ist der CORBA-Objekt-Bus und schafft Transparenz für die Kommunikation zwischen Objekten hinsichtlich der Lage, der Programmiersprache, des Betriebssystems und der internen Implementierung. Er stellt den zentralen Baustein von CORBA dar und ist zuständig für den Methodenaufruf und die Kommunikation zwischen Client- und Server-Komponenten. Dabei ist der ORB nicht als ein ausführbares Programm zu verstehen, sondern als eine Sammlung von Verzeichnissen und Spezifikationen, Schnittstellen und Ressourcen (Dolmetsch, S. 79).

- *Object Services*: Die CORBAservices weiten die Kernfunktionen von CORBA aus. Diese Dienste erleichtern es Entwicklern, ihre Objekte, Komponenten und Anwendungen zu erzeugen und freizugeben. CORBAservices definieren Middleware-Dienste, die eine Plattformunabhängigkeit von CORBA-Applikationen sicherstellen. Es werden Dienste bereitgestellt, um Objekte zu erzeugen, den Zugriff auf Objekte zu steuern und die Beziehungen zwischen Objekten zu unterhalten (Schettino et al. 2000, S. 51).

- *Common Facilities*: Unter Common Facilities versteht man Gruppen von Komponenten, die zusätzliche Funktionen bereitstellen, damit anwendungsspezifische Aufgaben, wie die Behandlung der Benutzeroberflächen und des Arbeitsablaufes, realisiert werden können. Dabei werden horizontale und vertikale Domänen definiert, die direkt von Business Objects genutzt werden können. Ein Business Object (BO) definiert man als Repräsentation eines physischen oder nicht-physischen Gegenstands, Konzepts oder Geschäftsprozesses. Es zeichnet sich dadurch aus, dass es seinen Zustand entlang eines Geschäftsprozesses zur Laufzeit verändert (z.B. Bestellung, Rechnung, Lieferschein, Kunde etc.) (Dolmetsch 2000, S. 98).

- *Application Objects*: Als Application Objects bezeichnet man Gruppen von BOs und Applikationskomponenten, die speziell für bestimmte Anwendungen entwickelt wurden. Die Application Objects sind als die eigentlichen Nutzer einer CORBA-Architektur zu verstehen.

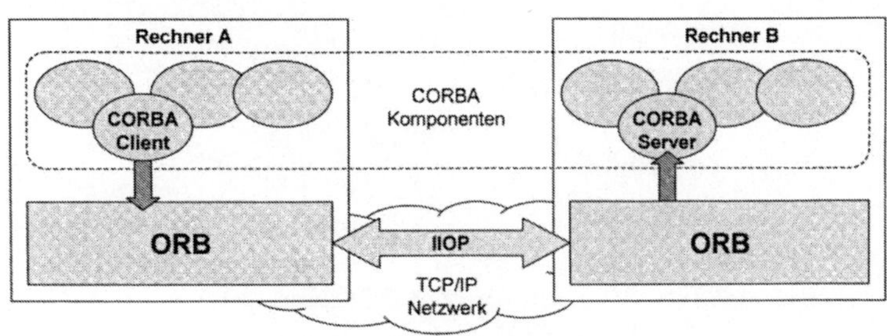

Abbildung 77: Client/Server-Kommunikation zwischen verteilten CORBA-Komponenten (Dolmetsch 2000, S. 80)

Das IIOP-Protokoll ist ein Standardprotokoll für die Kommunikation zwischen verschiedenen ORBs in TCP/IP-basierten Netzwerken. Um sicherzustellen, dass ORBs von unterschiedlichen Entwicklern miteinander kommunizieren können, wurde der IIOP-Standard Pflicht.

COM/DCOM Eine ähnliche Zielsetzung wie CORBA verfolgt auch Microsofts Object Linking and Embedding (OLE). Zusammen mit DEC wurde ein Objektmodell, das Component Object Model (COM), entwickelt. Mit der Version 2.0 hat Microsofts OLE den ursprünglichen Bereich der Compound Documents überschritten und ist zu einer kompletten Infrastruktur für objektorientierte Kommunikation herangewachsen (Bark 1996, S. 2). Microsoft hat schnell erkannt, dass das Einbinden von Objekten in Dokumenten einen Sonderfall des allgemeineren Problems einer generellen Verteilung von Applikationsanwendungen darstellt (Dolmetsch 2000, S. 80).

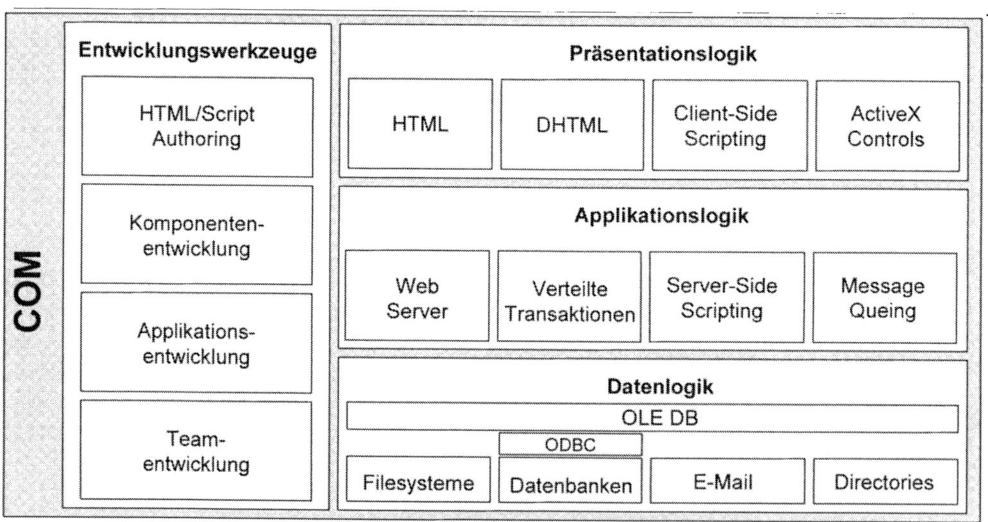

Abbildung 78: Auf COM basierende Microsoft-Technologien (Dolmetsch 2000, S. 81)

Im Gegensatz zu CORBA fokussiert OLE jedoch die Microsoft-Welt. COM ist die zugrunde liegende Architektur für OLE und somit in allen Windows Applikationen integriert, wodurch die enorme Verbreitung dieses Standards zu erklären ist (Bark 1996, S. 4). Bei DCOM (Distributed COM) handelt es sich um eine Erweiterung von COM dahingehend, dass es nun COM Clients möglich ist, Objekte zu bearbeiten, die sich auf verschiedenen Rechnern befinden. Ermöglicht wird dies durch Nutzung der weiter oben bereits erwähnten RPCs. Abbildung 78 gibt einen Überblick über die Microsoft-Technologien, die auf Basis von COM realisiert sind.

Um mit ihrer Komponentenarchitektur für verteilte Umgebungen konkurrenzfähig zu bleiben, hat Microsoft COM+ entwickelt. Dabei ist die Programmierung einfacher geworden und die MTS-Services (Microsoft Transaction Server), die sich als Container für COM-Komponenten beschreiben lassen, sind in die Lösung integriert.

Enterprise JavaBeans   Enterprise JavaBeans (EJB) wurde von einer Arbeitsgruppe unter der Leitung von Sun und unter Mitwirkung von BEA, Oracle, IBM sowie weiteren Unternehmen entwickelt. Die Zielsetzung bei der Entwicklung der EJB-Spezifikation war die Realisierung eines gut handhabbaren Komponentenmodells, das es ermöglicht, Anwendungslogik als Komponenten zu entwickeln. Dabei können EJB auf allen wichtigen Plattformen, außer jenen von Microsoft, implementiert werden und sind somit wesentlich offener und flexibler als beispielsweise COM/COM+. Enterprise Java-Beans sind als serverseitige Komponenten zu verstehen, die ähnlich wie die CORBA-Technologie der Realisierung verteilter mehrschichtiger Architekturen dienen.

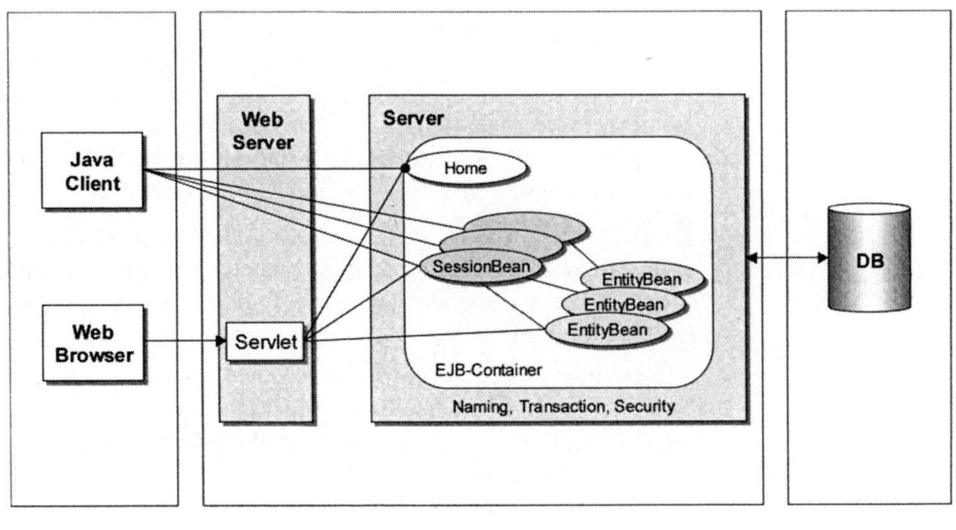

Abbildung 79: Enterprise JavaBeans Architektur

Die Abbildung beschreibt die typische Architektur eines EJB-Schichtenmodells (Datenschicht, Applikationsschicht und Präsentationsschicht). Bei der Entwicklung von Anwendungen unter Verwendung von EJB wird die Anwendungslogik in wiederverwendbaren Komponenten, sogenannten· Beans, programmiert, wobei die Geschäftslogik in Session Beans und Daten in Entity Beans gehalten werden. Die Beans enthalten öffentliche Methoden, die von Clients aufgerufen werden können.

- *EJB-Container:* Ausgeführt werden die Beans in dem EJB-Container, der neben der Implementierung der Geschäftslogik die Aufgabe der Vermittlung zwischen den beiden anderen Schichten (Datenschicht und Präsentationsschicht) übernimmt. Als Laufzeitumgebung der EJBs verwaltet er ein oder mehrere Beans und deren Instanzen, steuert deren Abarbeitung und ermöglicht den Zugriff auf Systemdienste über spezifizierte Schnittstellen. Unter anderem zeichnet der EJB-Container für Transaktionsmanagement, Security, Naming, Connection Pooling (Verwaltung von Datenbankverbindungen), Kommunikation zwischen Client- und Server-Komponenten und Lebenszyklus-Management der EJBs verantwortlich.

- *Session Beans:* Unter Session Beans sind Nutzersitzungen innerhalb einer Anwendung zu verstehen, die Aktionen für den Client ausführen. Daher ist jede Instanz einer Session Bean einem bestimmten Benutzer zugeordnet. Je nach Art der Zustandsdaten der Beans unterscheidet man Stateless Session Beans, die keine Informationen über den Zustand der Komponente enthalten, und Stateful Session Beans, die Zustände sichern und diese bei erneuter Aktivierung wieder herstellen können.

- *Entity Beans:* Im Gegensatz zu Session Beans repräsentieren Entity Beans Anwendungsdaten, welche dauerhaft gespeichert sind. Zum Beispiel kann ein Entity Bean eine Tabelle einer Datenbank darstellen.

Der Markt für EJB-Application Server zur Umsetzung von Geschäftsanwendungen entwickelt sich zur Zeit rasant. Im Vergleich zu CORBA ist die Entwicklung von verteilten Anwendungen mit EJB jedoch erheblich weniger komplex.

3.3.3   Ausblick

Die Ausführungen zu EAI haben dem Leser einen Überblick über die zugrunde liegenden Basis-Technologien vermittelt, die beim Aufbau einer integrierten und vernetzten Systemarchitektur im Rahmen von CRM zu berücksichtigen sind. Die Etablierung und Integration von CRM-Software-Applikationen beeinflusst einen Großteil der unternehmensweiten IT-Architektur und stellt Unternehmen oft vor große Probleme. Vom Host-Rechner über ERP-Systeme zu PDAs (z.B. Außendienst) bis hin zu Web-Portalen zieht sich die Palette zu integrierender Hardware- und Software-Applikationen.

So müssen Systemarchitekturen beispielsweise berücksichtigen, dass bei portablen und eingebetteten Systemen mit elektrischer Energie äußerst sparsam umgegangen werden muss, dass oft eine direkte Kommunikationsmöglichkeit nicht gewährleistet ist, dass aus Kostengründen die Systemressourcen oft sehr begrenzt sind und dass man zum Management aller betroffener Applikationen keinen Systemverwalter einstellen kann. Daher müssen zukünftige Entwicklungen im Bereich EAI in Richtung spontane Vernetzung, „Plug & Play", Automatismen bei der Synchronisation von kundenrelevanten Daten zwischen verschiedenen Applikationen sowie hochgradige Interoperabilität und fehlertolerantes Verhalten gehen (Mattern 2001, S. 147).

Ob das scheinbar Paradoxe gelingt, nämlich trotz zunehmender Menge und Allgegenwärtigkeit von Daten und Information diese dann – etwa mittels intuitiver Schnittstellen und impliziter Informationsverarbeitung – auch einfacher nutzen zu können (der Ansatz, den die Hersteller von EAI-Applikationen derzeit propagieren), bleibt abzuwarten (Mattern 2001, S. 146). Mark Weiser propagierte bereits von mehr als 10 Jahren den Begriff des „Ubiquitous Computing". Er betrachtet in seinen Ausführungen die Technik als reines Mittel zum Zweck, die in den Hintergrund treten sollte, um eine Konzentration auf die Sache an sich zu ermöglichen – die derzeitigen Entwicklungen (PCs als Universalwerkzeuge, die es unternehmensweit zu vernetzen und zu integrieren gilt) nehmen aufgrund ihrer Komplexität die Aufmerksamkeit zu sehr in Anspruch (Mattern 2001, S. 146).

Folgendes Zitat fasst Matterns Thesen abschließend zusammen:

> „As technology becomes more embedded and invisible, it calms our lifes by removing the annoyances… The most profound technologies are those that disappear. They weave themselves into the fabric of everyday life until they are indistinguishable from it."

3.4   Prozesse

Viele CRM-Projekte scheitern daran, weil zu Beginn der Neuausrichtung des Unternehmens zu wenig Energien in die Modellierung und Implementierung von Geschäftsprozessen gesteckt wurden. Daher sind die relevanten Geschäftsprozesse zunächst zu identifizieren, in einem adäquaten Modell abzubilden und zu analysieren. Der Analyse und Planung von Geschäftsprozessen sollte dabei eine ganzheitliche prozessorientierte Betrachtung der betrieblichen Wertschöpfung zugrunde liegen (Stickel 2001, S. 153). In Kapitel 3.2 wurde bereits die Restrukturierung von Geschäftsprozessen mit den Methoden des Business Process Reengineering vorgestellt, in diesem Abschnitt wird der Nutzen herausgestellt, den Workflow Management Systeme zu organisatorischen Veränderungen im Rahmen des CRM beisteuern. Ziel ist die Etablierung technisch-organisatorischer Lösungen, um im Spannungsfeld von Routinisierung und individueller Kundenorientierung sowohl flexible, effiziente Abläufe bezogen auf einen Kunden als auch die Parallelisierung vieler kundenorientierter Abläufe realisieren zu können (Klischewski et al. 2000, S. 38).

3.4.1   Workflow-Management

Als Workflow bezeichnet man eine endliche Folge von Aktivitäten, die durch Ereignisse ausgelöst und beendet wird. Dies kann die Bearbeitung eines Kundenauftrags von der Entgegennahme des Auftrags bis hin zur Auslieferung des gewünschten Produktes sein (Stickel 2001, S. 153). Ziel des Workflow-Managements ist eine durchgängige Unterstützung von betrieblichen Aktivitäten oder Abläufen unter Vermeidung von Medienbrüchen (Oberweis 1996, S. 24 f.). Workflow-Management-Systeme (WFMS) unterstützen dabei die flexiblen Definition, die Simulation, die Steuerung und die Kontrolle von arbeitsteiligen Prozessen (Hastedt-Marckwardt 1999, S. 100). Die Workflow Management Coalition (WFMC) definiert WFMS wie folgt (WFMC 1998, S. 6):

> „A system that completely defines, manages and executes 'work-flows' through the execution of software whose order of execution is driven by a computer representation of the workflow logic."

Der Mehrwert beim Einsatz von WFMS liegt in den Bereichen Produktivitätsverbesserung, Verschiebung von Tätigkeitsstrukturen hin zu höherwertigen Tätigkeiten und besserer Qualität der Sachberarbeitung mit weniger Fehlern. Darüber hinaus ermöglicht die Neugestaltung bzw. Verbesserung bestehender Abläufe zusätzliche signifikante Nutzenpotenziale (Stickel 2001, S. 156).

Zur Beschreibung des Aufbaus und der Funktionsweise von WFMS ist in Abbildung 80 das von der WFMC entwickelte Referenzmodell für WFMS dargestellt:

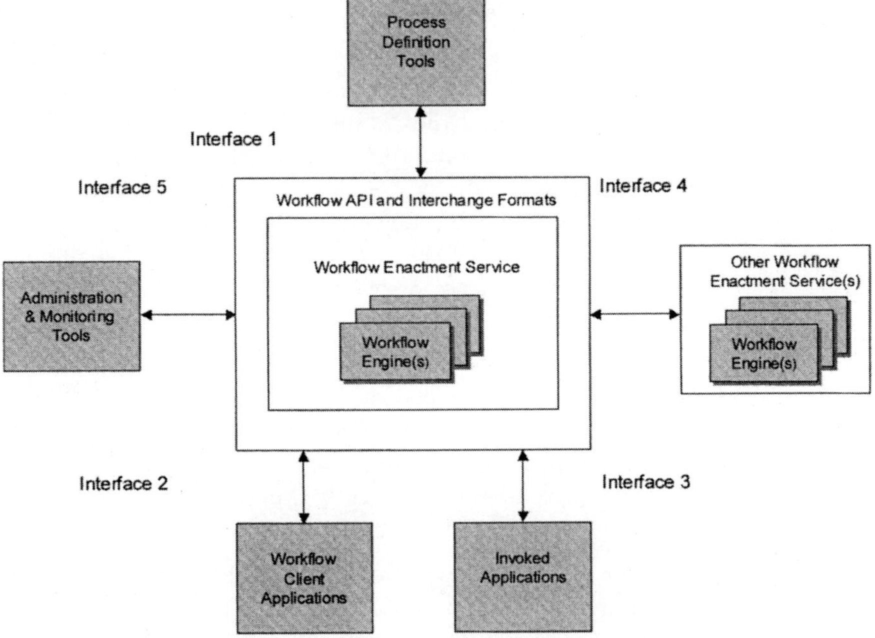

Abbildung 80: WFMC-Referenzmodell (WFMC 1998, S. 20)

Nachfolgend werden die Komponenten und deren Aufgaben näher erläutert (Stickel et al. 2001, S. 154):

- *Workflow-Modellierungs- und Definitionswerkzeuge (Process Definition Tools)*: Diese Werkzeuge dienen zur Analyse und Modellierung von Geschäftsprozessen. Die WFMC hat eine Schnittstelle spezifiziert, welche den Austausch der

Workflow-Definitionen zwischen WFMS und Prozessmodellierungs-Tools wie z.B. ARIS erlaubt.

- *Aufrufbare Applikationen (Invoked Applications)*: Über dieses Interface können bestimmte Applikationen aktiviert werden, die in der Regel beim Server integriert und ohne Benutzerinteraktion ablaufen (z.B. Fax- oder E-Mail-Services) (Hastedt-Marckwardt 1999, S. 99).

- *Workflow-Client-Applikationen (Workflow Client Applications)*: Diese dienen als client-basierte Integrationsplattform der unterschiedlichen Programme und präsentieren dem Bearbeiter die Liste der verschiedenen Work Items (Hastedt-Marckwardt 1999, S. 103). Über die Workflow-Client-Applikationen werden die Ergebnisse an den Workflow Enactment Server weitergeleitet.

- *Administrations- und Überwachungswerkzeuge (Administration and Monitoring Tools)*: Über diese Tools erfolgt das Monitoring und die Administration der Workflow Enactment Services. Neben der Bereitstellung von Daten über Workflows während der Ausführung (z.B. Bearbeitungsstatus eines Kundenauftrags), können diese Daten nach der Ausführung der Workflows für Workflowsimulationen und Workflowanalysen verwendet werden (Stickel 2001, S. 155).

- *Workflow Enactment Service*: Diese Komponte eines WFMS ist die Runtime-Umgebung für die Workflows und somit die Komponente, welche die Workflow-Definitionen interpretiert und den Arbeitsfluss sicherstellt. In der Regel sind diese Komponenten Standard-Software- oder Individual-Software-Produkte, welche in das WFMS integriert werden (Hastedt-Marckwardt 1999, S. 103).

Am Beispiel WFMS wird deutlich, welche Bedeutung die Integration unterschiedlichster IT-Applikationen für die Automatisierung kundenbezogener Prozessketten besitzt. In letzter Zeit wurden eine Reihe neuer Konzepte und Systeme vorgestellt, welche die Flexibilität erhöhen und dadurch die Vermeidung von Workarounds und Ausnahmebehandlungen (vor allem in Hinblick auf Kundenorientierung) zum Ziel haben (Klischewski et al. 2000, S. 41). Bei einer kundenorientierten Ausrichtung müssen Unternehmen bei der Definition von Prozessen und deren automatisierten Abarbeitung durch WFMS berücksichtigen, dass das Verhalten von Kunden einen direkten Einfluss auf die Organisation der Zusammenarbeit hat. Sowohl der Gesamtprozess als auch einzelne Leistungen sind permanent auf die Bedürfnisse der Kunden auszurichten. Daher sollte eine Prozessautomatisierung durch den Einsatz von WFMS immer die Verbindung von situativem Handeln einerseits und optimierten Standardabläufen andererseits berücksichtigen (Klischewski et al. 2000, S. 42).

Klischewski/Wetzel (2000, S. 38 ff.) stellen den Begriff Serviceflow-Management zur Diskussion, um unter dem Primat der Kundenorientierung auf die über Workflow-Management hinausgehenden neuen Anforderungen hinzuweisen. Nachfolgend werden die Unterschiede und Besonderheiten von Serviceflow-Management im Vergleich zu Workflow-Management skizziert.

3.4.2   Serviceflow-Management

Klischewski/Wetzel (2000, S. 38 ff.) definieren Serviceflow-Management wie folgt:

> „Serviceflow-Management organisiert und unterstützt die Durchführung der Leistungserbringung gemäß der situativen Erfordernisse im Verlauf des Serviceflows auf der Basis von erprobten Standardabläufen. Es unterstützt sowohl individuelle Serviceflows als auch ihre parallele Erbringung...Dabei stellt sich aus der Perspektive des Kunden ein Serviceflow so dar, als ob der Kunde in einen zusammenhängenden „Fluss von Dienstleistungen" eingebettet ist, wobei dem sich zeitlich und räumlich bewegenden Kunden Serviceleistungen „folgen", „begleiten" oder „vorauseilen", sozusagen „umspülen" und dabei auf dem Weg der Bedürfnisbefriedigung voranbringen."

Serviceflow- und Workflow-Management basieren auf der gleichen Idee, da sie der Organisation von Arbeitsteilung und Kooperation dienen, indem Einzelleistungen von Beteiligten durch Prozessmuster modelliert, instantiiert und abgearbeitet werden (Klischewski et al 2000, S. 41).

Im Unterscheid zum Workflow-Management, welches die Prozesslogik durch die Automatisierung ihrer Ausführung erzwingt (entsprechend vordefinierten Verhaltensmustern in Form von Regelwerken), ist der Übergang zwischen den einzelnen Aufgaben eines Prozesses beim Serviceflow-Management von den jeweiligen Bedürfnissen und dem Verhalten des Kunden bestimmt. Somit kann an jedem Service-Punkt über die schrittweise Ausführung eines bereitgestellten Musters der Prozesslogik entschieden werden, und das gegebenenfalls auch nach einem neu erstellten, nicht vorhergesehenen Plan (Klischewski et al 2000, S. 41). Somit können die individuellen Bedürfnisse der Kunden flexibler berücksichtigt werden – durch vorhergesehene Varianten oder durch spezielle Ausnahmebehandlungen.

Datenschutz und Kundenmanagement

Trotz der vielfältigen Möglichkeiten, welche die Informationstechnologie für das Management von Kundenbeziehungen bereitstellt, sollte ein Aspekt auf keinen Fall vernachlässigt werden: Die Auseinandersetzung mit den datenschutzrechtlichen Richtlinien in Bezug auf Verarbeitung personenbezogener Daten. Aspekte dieser nicht zu unterschätzenden Hürde auf dem Weg zu einem umfassenden Kundenmanagement sind Gegenstand der weiteren Ausführungen.

4.1 Vorbemerkungen

Die verschiedenen Kapitel des vorliegenden Buches haben die unterschiedlichen Möglichkeiten skizziert, um Kundenbeziehungen aufzubauen, zu organisieren und zu pflegen. Mit Hilfe von IT-gestützten Systemen wird dabei ein alter Traum des Marketing zur Realität, jeden Kunden im Zeitalter des Massenmarketing individuell anzusprechen und zu bedienen (Link et al. 1997, S. 16 ff.). Dabei besteht jedoch zunehmend die Gefahr des Verstoßes gegen datenschutzrechtliche Richtlinien bei der Erfassung, Speicherung und Analyse von personenbezogenen Daten. Während das bundesdeutsche Recht die Verwendung personenbezogener Daten zu Marketingzwecken als Eingriff in das Grundrecht auf informationelle Selbstbestimmung ansieht, steht in den USA hauptsächlich der verbesserte Kundenservice im Vordergrund (Wittig 2000, S. 59). Entsprechend dem Bundesdatenschutzgesetz (BDSG) von 1990 unterliegen personenbezogene Daten von bestimmten, eindeutig identifizierten und bestimmbaren Personen dem Schutz. Dagegen unterliegt die Verarbeitung und Nutzung von Personendaten, die nicht eindeutig einer bestimmten oder bestimmbaren Person zugeordnet werden können, nicht dem Datenschutzrecht. Da die Erstellung von Persönlichkeitsprofilen mit den genannten Einschränkungen ein datenschutzrechtlich relevanter Umgang mit personenbezogenen Daten darstellt, haben Unternehmen abzuwägen, inwieweit die Erstellung von Persönlichkeitsprofilen datenschutzrechtlich zulässig ist.

4.2 Verarbeitung kundenbezogener Daten aufgrund gesetzlicher Erlaubnis

Obwohl die gesetzlichen Bestimmungen die Möglichkeiten der Profilerstellung sehr stark eingrenzen, sind durchaus Analyseszenarien möglich, ohne gegen datenschutzrechtliche Bedingungen verstoßen zu müssen.

Einwilligung

§ 4 des BDSG beinhaltet beispielsweise ein Verbot mit Erlaubnisvorbehalt für die Verarbeitung und Nutzung personenbezogener Daten. Dabei kann durch eine schriftliche Einwilligung des Kunden eine Datenverarbeitung und Nutzung ermöglicht werden. Voraussetzung ist die Information der Kunden über den Zweck der Speicherung, der Analyse und der Übermittlung. Beispielsweise ist den Kunden nahe zu legen, dass durch die Analyse der Daten das Serviceangebot verbessert und individueller zugeschnitten werden kann.

Vertragliche oder vertragsähnliche Zwecke

In § 28 des BDSG sind die Richtlinien zur Datenverarbeitung und Nutzung bei vertraglichen oder vertragsähnlichen Zwecken abgehandelt. Dabei kann eine Verarbeitung kundenbezogener Daten erfolgen, wenn ein unmittelbarer Zusammenhang mit dem jeweiligen Vertragszweck besteht, beispielsweise bei der Erfüllung der gegenseitigen aus dem Vertrag ergebenden Pflichten.

Wahrung berechtigter Interessen

Ebenfalls in § 28 BDSG ist die Datenverarbeitung zur Wahrung berechtigter Interessen aufgeführt. Dabei können kundenbezogene Daten verarbeitet und genutzt werden, wenn auf Kundenseite keine schutzwürdigen Interessen anzunehmen sind. Beispielsweise finden sich Werbe- und Marketingaktivitäten unter den berechtigten Interessen. Dabei ist zu beachten, dass nur Daten verarbeitet und genutzt werden dürfen, die für den konkreten Zweck erforderlich sind. Eine Beurteilung, wann gegen datenschutzrechtliche Richtlinien verstoßen wurde, stellt sich gerade bei der Datenverarbeitung zur Wahrung berechtigter Interessen als sehr schwierig dar. Daher ist es nahezu unmöglich, allgemeine Wertungsmaßstäbe für eine derartige Interessensabwägung aufzustellen.

4.3 Datenschutzrechtliche Sonderregelungen

Die Anwendung von Data Warehousing und Data Mining findet vor allem dort den größten Nutzen, wo Massendaten elektronisch generiert werden. Die Bereiche Telekommunikation, wo jeder Telefonanruf elektronische Datensätze generiert (Call Detail Data) oder sämtliche web-basierten Anwendungen, wo quasi per

Mausklick Daten entstehen (Click Stream Data) zeichnen sich durch sehr große Datenvolumina aus. Datenschutzrechtlich werden diese Bereiche durch das Telekommunikationsgesetz (TKG) geregelt.

Gerade im Bereich Internet sind Diskussionen zu datenschutzrechtlichen Fragestellungen an der Tagesordnung. Dabei trifft man immer wieder auf Cookie-Diskussionen, da diese im Verdacht stehen, den Datenschutz zu umgehen. Zu den geäußerten Befürchtungen wird oft genannt, dass mit Hilfe von Cookies Benutzerprofile von WWW-Surfern erstellt werden können, die dann von verschiedenen Web-Servern weltweit abrufbar seien. Da hinter jeder Befürchtung ein kleines Stück Wahrheit steckt, wird in der Folge die Funktionsweise von Cookies kurz vorgestellt.

Cookies und Datenschutz

Bei Cookies handelt es sich um kleine Textdateien, die von einem Web-Server auf den Client-PC des WWW-Surfers übertragen werden. Wenn ein Web-Server ein Dokument verschickt, kann dieser den nachfragenden Browser bitten, einen Cookie zu speichern. Dabei unterscheidet man zwischen *transienten Cookies*, deren Lebensdauer nur auf die Dauer einer Session begrenzt ist (solange der Browser geöffnet ist) und *persistenten Cookies*, die auf dem Rechner des Benutzers physisch in einem Verzeichnis abgespeichert werden. Jeder persistente Cookie besitzt ein Verfallsdatum, das vom ausgebenden Server definiert wird. Wird dieses überschritten, sollte der Browser den Cookie löschen, auf jeden Fall sollte der Cookie nicht mehr zu dem jeweiligen Web-Server übertragen werden. Ein Cookie sollte nur für den Web-Server lesbar sein, der ihn ausgegeben hat. Dieser Lesbarkeitsbereich lässt sich sowohl innerhalb eines Servers erweitern als auch über Server-Grenzen hinweg.

Die Ausdehnung des Lesbarkeitsbereichs haben verschiedene Unternehmen ausgenutzt, um das Surf-Verhalten und die Besucherhäufigkeit über mehrere Websites hinweg zu analysieren. Beispielsweise führt das Laden bestimmter Werbebanner zur Abspeicherung von Cookies, deren Ursprungs-Website man noch nie besucht hat. Somit lassen sich Cookies miteinander abgleichen, um aussagekräftige Surf-Profile zu erstellen. Speziell in den USA haben sich einige Firmen auf die Gewinnung, Speicherung und Verwertung von Cookies spezialisiert, wie z.B. die Firma DoubleClick oder NetCount. Es wird zwar in der Regel versichert, dass die aus den Cookies gewonnenen Daten nicht personalisiert werden (und somit gegen diverse Datenschutzverordnungen verstoßen würden), trotzdem führte das meist unentdeckte Anlegen von Besucherprofilen der WWW-Surfer zu einem Vertrauensbruch. Beispielsweise unterhält das Internet-Werbenetzwerk DoubleClick eine der größten Personendatenbanken der Welt. Die Strategie des Unternehmens zielt auf der Verknüpfung von Identität und Surfer-Profilen, die mit Hilfe eines ausgedehnten Werbenetzwerkes mit Hilfe von Werbebannern erreicht werden konnte. Die Praktiken von DoubleClick und verwandten Unternehmen haben in den USA zu einer intensiven Diskussion über Belange des Datenschutzes im Internet geführt.

Bei Internet-Start-Ups oder Betreibern von personalisierten Websites führte die Diskussion über die Verknüpfung von Surfverhalten und Personenprofilen zu einer Verunsicherung des Kundenstamms. Gerade bei diesem sensiblen Thema macht sich die Vertrauensbasis bezahlt, die ein Unternehmen mit seinen Kunden aufgebaut hat. Um dieses Vertrauen zu erzeugen, müssen Websites offen darlegen, wie sie mit den Registrierungsdaten verfahren werden (Reid Smith 2000, S. 75). Eine entsprechende Absichtserklärung ist daher eher oben – und damit sofort erkennbar – als unten auf der Website oder einem Registrierungsformular zu positionieren. Schafft man es dem Kunden klar zu machen, dass die Sammlung und Analyse der Kundendaten zu einer verbesserten Bedienung des Kunden führt und gibt man dem Kunden sogar die Möglichkeit, einen Einblick in die über Ihn gespeicherten Daten zu haben, führt dies zu einer Stärkung der Vertrauensbasis und letztendlich zu einer Vertiefung und Stärkung der Kundenbeziehung.

5 Abschließende Bemerkungen und Ausblick

Vernetzung ist ein Phänomen, das Wirtschaft und Gesellschaft zunehmend verändert. Diese Entwicklung in Richtung einer Network Economy umfasst vielfältige Kommunikationsbeziehungen innerhalb und zwischen Unternehmen, zwischen Unternehmen und Individuen und schließlich zwischen Individuen. Kommunikationsbeziehungen sind dabei jedoch nicht als feste, definierte Beziehungen zu verstehen, vielmehr eröffnen Internet-Technologien durch ihre flexible Struktur völlig neuartige Möglichkeiten des Informationsaustauschs. Sämtliche Theorien etwa zur Unternehmensorganisation oder zum Kommunikationsverhalten werden dadurch zunehmend in Frage gestellt, da sich Grenzen zwischen Unternehmen und zwischen Arbeits- und Privatsphäre verschieben und verändern bzw. mehr und mehr verschwimmen. Hier sind Wissenschaft und Praxis gleichermaßen gefordert, Erklärungs- und Lösungsansätze zu entwickeln.

Ein wichtiger Ansatz zur Beschreibung und Erklärung der Entwicklung in Richtung einer Network Economy aus Unternehmenssicht ist die Transaktionskostentheorie. Sie macht deutlich, dass die durch die Koordination von Prozessen und Tätigkeiten bedingten Kosten durch den Einsatz der Informationstechnologie wesentlich reduziert werden können. Dies hat insbesondere Auswirkungen auf die Leistungserstellung, d.h. die Herstellung und Verteilung von Produkten und die Erbringung von Dienstleistungen.

In diesem Zusammenhang ergeben sich im Rahmen des Information Networking vollkommen neue Strukturen und Aufgaben. Es verbindet Aspekte der Vernetzung, der Kooperation und des Informationsaustauschs sowohl innerhalb von Unternehmen als auch über die Unternehmensgrenzen hinaus zu anderen Unternehmen und zu Kunden. Im Sinne der Prozessorientierung kann nicht mehr von einer linearen Wertschöpfungskette ausgegangen werden. Vielmehr machen mehrdimensionale Prozesse Überlegungen und Ansätze zur Realisierung einer Informationslogistik erforderlich.

Globalisierung und Intensivierung des Wettbewerbs sind zwei wichtige Herausforderungen, denen sich Unternehmen heutzutage stellen müssen. Verstärktes Augenmerk verlangt aber immer mehr der Kunde – aus Unternehmenssicht sozusagen eine knappe Ressource. Es zeichnet sich ab, dass Unternehmen zunehmend organisatorische Veränderungen vornehmen, um sich auf Kunden und deren Bedürfnisse auszurichten. Im Zuge der Entwicklung vom Verkäufer- zum Käufermarkt spielt die Kundenorientierung eine immer stärkere Rolle gegenüber der Produktorientierung. Diese unter dem Begriff Customer Relationship Management zusammengefasste Kundenausrichtung bedarf umfassender organisatorischer und technischer Veränderungen in Unternehmen.

Das „Denken" und Handeln der Unternehmen in Prozessen und weniger in Funktionen steht in engem Zusammenhang mit dem immer wichtiger werdenden Information Networking. Erst durch das „Zusammenwachsen" von Data Warehouses mit dem Einsatz von Data Mining-Methoden und der personalisierten Kundenansprache im Kampagnenmanagement lassen sich Synergiepotenziale ausschöpfen, die weit über diejenigen der einzelnen Bausteine hinausgehen. Zudem werden dadurch Voraussetzungen zur Realisierung eines „ausgereiften" e-CRM geschaffen. Speziell das Internet als zusätzlicher Informations- und Vertriebskanal eröffnet Möglichkeiten zur personalisierten und durch Feedback-Loops annähernd automatisierten Kundenansprache.

Integrationsansätze (z.B. EAI) stellen einen prozess- und systemübergreifenden Austausch prozessrelevanter Informationen sicher. Diese informationstechnische Abbildung entscheidender Geschäftsprozesse stellt das Rückgrat zur Realisierung eines effektiven Information Networking und damit erfolgreichen CRM und e-CRM dar.

Zu den Autoren

Dr. Matthias Meyer studierte Wirtschaftsinformatik an der TU Braunschweig, war danach wissenschaftlicher Mitarbeiter am Lehrstuhl für Wirtschaftsinformatik der Katholischen Universität Eichstätt und arbeitet heute am Seminar für Empirische Forschung und Quantitative Unternehmensplanung der LMU München.

Stefan Weingärtner hat an der Universität Karlsruhe (TH) Wirtschaftsingenieurwesen studiert und war nach Abschluss seines Studiums Berater bei einem international tätigen IT-Beratungsunternehmen. Er ist Mitgründer der DYMATRIX CONSULTING GROUP und verantwortet dort den Bereich e-Intelligence. Parallel zu seiner Beratungstätigkeit promoviert er zur Zeit am Seminar für Empirische Forschung und Quantitative Unternehmensplanung der LMU München.

Fabian Döring ist Projektmanager im Bereich IT-Organisation der Landesbank Baden-Württemberg und derzeit verantwortlich für die CRM-Projekte Data Warehousing & Data Mining, Database Marketing und Personalisierung des Online-Auftrittes.

Literaturhinweise

Nachfolgend werden verwendete und weiterführende Literaturquellen genannt (weitere Hinweise auch auf unserer Homepage www.information-networking.de).

Abbey, M.; Corey, M. (1998): Oracle8: Beginner's Guide, Addison-Wesley-Longman, Bonn.

Adamson, C.; Venerable, M. (1998): Data Warehouse Design Solutions. John Wiley & Sons, New York.

Ahlert, D. (2001): Implikationen des Electronic Commerce für die Akteure in der Wertschöpfungskette. In: Ahlert, D.; Becker, J.; Kenning, P.; Schütte, R. (Hrsg.): Internet & Co. im Handel. 2. Auflage, Springer, Berlin u.a., S. 3-27.

Arndt, D.; Gersten, W.; Wirth, R. (2001): Kundenprofile zur Prognose der Markenaffinität im Automobilsektor. In: Hippner, H.; Küsters, U.; Meyer, M.; Wilde, K.D. (Hrsg.): Handbuch Data Mining im Marketing. Vieweg, Wiesbaden, S. 589-606.

Backhaus, K.; Erichson, B.; Plinke, W.; Weiber, R. (2000): Multivariate Analysemethoden: Eine anwendungsorientierte Einführung. 9. Auflage, Springer, Berlin.

Ballard, C. (1998): Data Modeling Techniques for Data Warehousing. IBM-Redbook, URL: http://www.redbooks.ibm.com.

Bark, M. (1996): Studie über die beiden Standards für objektorientierte Entwicklungen – CORBA und COM/OLE. www.bkm-dv.de.

Bauer, M. (1999): Vom Data Warehouse zum Wissensmanagement. In Wissensmanagement. In: Computerwoche Focus, 04/1999, S. 4-6.

Behme, W., Muksch, H. (1998): Die Notwendigkeit einer entscheidungsorientierten Informationsversorgung. In: Behme, W., Muksch, H. (Hrsg.): Das Data Warehouse-Konzept. Gabler, Wiesbaden, S. 3-33.

Bellmann, K.; Mack, O. (1997): Virtuelle Unternehmen und Database Marketing. In: Link, J.; Brändli, D.; Schleuning, C.; Hehl, R.E. (Hrsg.): Handbuch Database Marketing. 2. Auflage, IM Fachverlag, Ettlingen, S. 569-581.

Bernet, B. (1998): Konzeptionelle Grundlagen des modernen Relationship Banking. In: Bernet, B.; Held, P. (Hrsg.): Relationship Banking: Kundenbeziehungen profitabler gestalten. Gabler, Wiesbaden, S. 3-36.

Berry, M.; Linoff, G. (1997): Data Mining Techniques: For Marketing, Sales and Customer Support. John Wiley & Sons, New York.

Berry, M.; Linoff, G. (2000): Mastering Data Mining – The Art and Science of Customer Relationship Management. John Wiley & Sons, New York.

Berson, A.; Smith, S. (1997): Data Warehousing, Data Mining & OLAP. McGraw-Hill, New York.

Berson, A.; Smith, S.J.; Thearling, K. (1999): Building Data Mining-Applications for CRM. McGraw Hill, New York.

Bigus, J. (1996): Data Mining with Neural Networks: Solving Business Problems – From Application Development to Decision Support. McGraw-Hill, New York.

Bischoff, J. (1994): Achieving Warehouse Success. In: Database Programming & Design: 07/1994, S. 27-33.

Bokranz, R.; Hildebrandt, B.; Wehling, J. (1995): Organisation im Bankbetrieb: Aufbauorganisation, Ablauforganisation, Datenerhebung. Gabler, Wiesbaden.

Bollinger, T. (1996): Assoziationsregeln – Analyse eines Data Mining Verfahrens. In: Zeitschrift Informatik Spektrum, Vol. 19, S. 257-261.

Breiman, L.; Friedman, J.H.; Olshen, R.A.; Stone, C.J. (1984): Classification and Regression Trees. Wadsworth & Brooks, Belmont, CA.

Brenner, W.; Breuer, S. (2001): Elektronische Marktplätze – Grundlagen und strategische Herausforderungen. In: Ahlert, D.; Becker, J.; Kenning, P.; Schütte, R. (Hrsg.): Internet & Co. im Handel. 2. Auflage, Springer, Berlin u.a., S. 141-160.

Bullinger, H. J. (1995): Produktivitätsfaktor Information: Data Warehouse, Data Mining und Führungsinformationen im betrieblichen Einsatz. In: IAO Forum: Data Warehouse und seine Anwendungen. IRB, Stuttgart.

Cabena, P.; Hadjinian, P.; Stadler, R.; Verhees, J.; Zanasi, A. (1998): Discovering Data Mining – From Concept to Implementation. Prentice Hall, Upper Saddle River.

Chamoni, P.; Gluchowski, P. (1998): Online Analytical Processing (OLAP). In: Behme, W., Muksch, H. (Hrsg.): Das Data Warehouse-Konzept. Gabler, Wiesbaden, S. 401-444.

Chapman, P. et al. (2000) : CRISP-DM 1.0 : Step-by-Step Data Mining Guide. SPSS Inc., Chicago.

Clausen, N. (1998): OLAP – Multidimensionale Datenbanken. Addison-Wesley-Longman, Bonn.

Davenport, T.H.; Short, J.E. (1990): The new Industrial Engineering: Information Technology and Business Process Redesign. In: Sloan Management Review, 31, Summer 1990, S. 11-27.

Davis, S.; Botkin, J. (1999): The Coming of Knowledge-Based Business. In: Tapscott, Don (ed.): Creating Value in the Network Economy. Harvard Business School Pr, S. 3-12.

188

Degen, R. (1998): Der skalierbare Data Mart – Eine neue Methode für den Bau eines unternehmensweiten Data Warehouse. In: Marting, W. (Hrsg.): Data Warehousing: Data Mining - OLAP. International Thomson Publishing, Bonn, S. 91-103.

Devlin, B.; Murphy, P. (1988): An Architecture for a Business and Information System. In: IBM Systems Journal, 27/1988, S. 60-80.

Dolmetsch, R. (2000): eProcurement – Einsparpotenzial im Einkauf. Addison-Wesley, München.

El Himer, K.; Klem, C.; Mock, P. (2001): Marketing Intelligence: Lösungen für Kunden- und Kampagnenmanagement. Galileo Press, Bonn.

Evans, P.B.; Wurster, T.S. (1999): Strategy and the New Economics of Information. In: Tapscott, D. (ed.): Creating Value in the Network Economy. Harvard Business School Pr, S. 13-34.

Fleisch, E. (2001): Das Netzwerkunternehmen: Strategien und Prozesse zur Steigerung der Wettbewerbsfähigkeit in der „Networked economy". Springer, Berlin u.a.

Gardner, S. (1997): Data Warehouse and Metadata: The Importance of Metadata Management. In: Data Mining, Data Warehousing & Client/Server Databases. Springer, New York, S. 61-71.

Gareis, K.; Korte, W.; Deutsch, M. (2000): Die E-Commerce Studie: Richtungsweisende Marktdaten, Praxiserfahrungen, Leitlinien für die strategische Umsetzung. Vieweg, Wiesbaden.

Gerick, T. (1999): Wissen ist Markt. In: Wissensmanagement. Computerwoche Focus, 04/1999, S. 6-8.

Gora, W.; Bauer, H. (2001): Virtuelle Organisationen im Zeitalter von E-Business und E-Government. Springer, Berlin.

Gordon, I. (1998): Relationship Marketing: New Strategies, Techniques and Technologies to win the Customer you want and keep them forever. John Wiley & Sons, Toronto.

Graham, A.; Goodmann, A. (1998): Managing Customer Relationships: Lessons from the Leaders. Research Report. The Economist Intelligence Unit, London.

Hagel III, J.; Rayport, J.F. (1999): The Coming Battle for Customer Information. In: Tapscott, D. (ed.): Creating Value in the Network Economy. Harvard Business School Pr, S. 159-171.

Hastedt-Marckwardt, C. (1999): Workflow-Management-Systeme. In: Informatik Spektrum. Band 22, Heft 2, 04/1999, Heidelberg, S. 99-109.

Henkel, N. (1999): Welche Kundeninformationen haben Auswirkungen auf Finanzfaktoren? In: Wissensmanagement. Computerwoche Focus, 04/1999, S. 53-57.

Hermann, A.; Homburg, C. (2000): Marktforschung: Methoden – Anwendungen – Praxisbeispiele. Gabler, Wiesbaden.

Hermanns, A.; Flory, M. (1997): Elektronische Kundenintegration im Business-to-Business-Bereich – Grundlagen, Akzeptanz, Perspektiven. In: Link, J.; Brändli, D.; Schleuning, C.; Hehl, R.E. (Hrsg.): Handbuch Database Marketing. 2. Auflage, IM Fachverlag, Ettlingen, S. 601-614.

Hettich, S.; Hippner, H. (2001): Assoziationsanalyse. In: Hippner, H.; Küsters, U.; Meyer, M.; Wilde, K.D. (Hrsg.): Handbuch Data Mining im Marketing. Vieweg, Wiesbaden, S. 427-463.

Hildebrandt, K. (2001): Informationsmanagement: Wettbewerbsorientierte Informationsverarbeitung mit Standard-Software und Internet. Oldenbourg, München.

Hippner, H.; Wilde, K.D. (2001a): Der Prozess des Data Mining im Marketing. In: Hippner, H.; Küsters, U.; Meyer, M.; Wilde, K. (Hrsg.): Handbuch Data Mining im Marketing. Vieweg, Wiesbaden, S. 21-91.

Hippner, H.; Wilde, K.D. (2001b): CRM – Ein Überblick. In: Helmke, S.; Dangelmaier, W. (Hrsg.): Effektives Customer Relationship Management. Gabler, Wiesbaden, S. 3- 37.

Hofmann, U. (2001): Netzwerk-Ökonomie. Physica-Verlag, Heidelberg.

Holthuis, J. (1999): Der Aufbau von Data Warehouse Systemen: Konzeption – Datenmodellierung – Vorgehen. Gabler, Wiesbaden.

Homburg, C.; Bruhn, M. (1999a): Kundenbindungsmanagement: Eine Einführung in die theoretischen und praktischen Problemstellungen. In: Bruhn, M.; Homburg, C. (Hrsg.): Handbuch Kundenbindungsmanagement. 2. Auflage, Gabler, Wiesbaden, S. 3-35.

Homburg, C.; Giering, A.; Hentschel, F. (1999b): Der Zusammenhang zwischen Kundenzufriedenheit und Kundenbindung. In: Bruhn, M.; Homburg, C. (Hrsg.): Handbuch Kundenbindungsmanagement. 2. Auflage, Gabler, Wiesbaden, S. 174-195.

Hörschgen, H.; Kirsch, J.; Käßer-Pawelka, G.; Grenz, J. (1993): Marketing-Strategien. Konzepte zur Strategienbildung im Marketing. Wissenschaft & Praxis, Ludwigsburg.

Hub, H. (1994): Aufbauorganisation, Ablauforganisation. Gabler, Wiesbaden.

Hummeltenberg, W. (1998): Data Warehousing: Management des Produktionsfaktors Information – Eine Idee und ihr Weg zum Kunden. In: Martin, W. (Hrsg.): Data Warehousing – Data Mining – OLAP. MITP-Verlag, Bonn, S. 41-71.

Inmon, W. (1996): Building the Data Warehouse. John Wiley & Sons, New York.

Inmon, W.; Hackathorne, R. (1994): Using the Data Warehouse. John Wiley & Sons, New York.

Jaeschke, P. (1995): Integrierte Unternehmensmodellierung. Deutscher Universitätsverlag, Wiesbaden.

Kaplan, Robert S.; Norton, David P. (1997): Balanced Scorecard. Schäffer-Poeschel, Stuttgart.

Kauffels, F.-J. (1992): Netzwerk-Management: Probleme, Standards, Strategien. Bergheim.

Kelly, S. (1995): Data Warehousing: The Route to Mass Customization. John Wiley & Sons, New York.

Kenny, D.; Marshall, J. (2001): Die Kunden im Netz wirklich erreichen: Kontextuelles Marketing. In: Harvard Business Manager, 3/2001, S. 78-86.

Kerling, M. (1998): Moderne Konzepte der Finanzanalyse – Markthypothesen, Renditegenerierungsprozesse und Modellierungswerkzeuge. Uhlenbruch, Bad Soden.

Kimball, R. (1998): The Data Warehouse Lifecycle-Toolkit. John Wiley & Sons, New York.

Kimball, R.; Merz, R. (2000): The Data Webhouse Toolkit: Building the Web-Enabled Data Warehouse. John Wiley & Sons, New York.

Kirchner, J. (1998): Transformationsprogramme und Extraktionsprozesse entscheidungsrelevanter Basisdaten. In: Behme, W., Muksch, H. (Hrsg.): Das Data Warehouse-Konzept. Gabler, Wiesbaden, S. 147-167.

Klein, S. (1996): Interorganisationssysteme und Unternehmensnetzwerke: Wechselwirkungen zwischen organisatorischer und informationstechnischer Entwicklung. DUV, Wiesbaden.

Klein, S. (1997): Zur Rolle moderner Informations- und Kommunikationstheorien. In: Müller-Stewens, G. (Hrsg.): Virtualisierung von Organisationen. Schäffer-Poeschel/NZZ, Stuttgart/Zürich, S. 43-59.

Klischewski, R.; Wetzel, I. (2000): Serviceflow-Management. In: Informatik Spektrum. Band 23, Heft 1, 02/2000, Heidelberg, S. 38-45.

Koch, G.; Loney, K. (1997): Oracle8: The Complete Reference. Osborne McGraw-Hill, Berkley, CA.

Kohlschmidt, M. (2000): eProcurement Perspektiven. In: Lawrenz, O.; Hildebrand, K.; Nenninger, M. (Hrsg.): Supply Chain Management. Vieweg/Gabler, Wiesbaden, S. 323-340.

Kotler, P. (1991): Die Zukunft des Industriemarketing. In: THEXIS, 5/1991, S. 11-14.

Kotler, P. (1997): Marketing Management: Analysis, Planning, Implementation and Control. Prentice Hall International, New Jersey.

Kotler, P. (1999): Marketing. Märkte schaffen, erobern und beherrschen. Econ, München.

Kreutzer, R. T. (1990): Die Basis für den Dialog. In: Absatzwirtschaft, 4/1990, S. 104-113.

Küsters, U. (2001): Data Mining Methoden: Einordnung und Überblick. In: Hippner, H.; Küsters, U.; Meyer, M.; Wilde, K.D. (Hrsg.): Handbuch Data Mining im Marketing. Vieweg, Wiesbaden, S. 95-130.

Link, J.; Hildebrand, V. (1993): Database Marketing und Computer Aided Selling. Vahlen, München.

Link, J.; Hildebrand, V. (1997): Grundlagen des Database Marketing: In: Link, J.; Brändli, D.; Schleuning, C.; Kehl, R.E. (Hrsg.): Handbuch Database Marketing. IM Fachverlag, S. 16-36.

Linthicum, D. (1999): Enterprise Application Integration. Addison-Wesley, Boston.

Malone, T.W.; Laubacher, R.J. (1999): The Dawn of the E-Lance Economy. In: Tapscott, D. (ed.): Creating Value in the Network Economy. Harvard Business School Pr, S. 55-67.

Martin, W. (1998): Data Warehousing: Data Mining – OLAP. International Thomson Publishing, Bonn.

Mattern, F. (2001): Pervasive/Ubiquitous Computing. In: Informatik Spektrum, Band 24, 3/2001, S. 145-147.

Mattes, F. (1999): Electronic Business-to-Business: E-Commerce mit Internet und EDI. Schäffer-Poeschel, Stuttgart.

McKenna, R. (1999): Real-Time Marketing. In: Tapscott, D. (ed.): Creating Value in the Network Economy. Harvard Business School Pr, S. 145-158.

Meffert, H. (2001): Herausforderungen an das Marketing durch interaktive Medien. In: Ahlert, D.; Becker, J.; Kenning, P.; Schütte, R. (Hrsg.): Internet & Co. im Handel. 2. Auflage, Springer, Berlin u.a., S. 161-178.

Mena, J. (1999): Data Mining your Website. Digital Press, Boston.

Mogicato, R. (2000): Customer Relationship Management (CRM) in Banken. Kundenorientierung mit modernster Informationstechnologie (IT). Haupt, Bern.

Muksch, H.; Behme, W. (1998): Das Data Warehouse-Konzept als Basis einer unternehmensweiten Informationslogistik. In: Behme, W., Muksch, H. (Hrsg.): Das Data Warehouse-Konzept. Gabler, Wiesbaden, S. 33-100.

Müller-Stewens, G. (1997a): Auf dem Weg zur Virtualisierung der Prozessorganisation. In: Müller-Stewens, G. (Hrsg.): Virtualisierung von Organisationen. Schäffer-Poeschel/NZZ, Stuttgart/Zürich, S. 1-21.

Müller-Stewens, G. (1997b): Grundzüge einer Virtualisierung. In: Müller-Stewens, G. (Hrsg.): Virtualisierung von Organisationen. Schäffer-Poeschel/NZZ, Stuttgart/Zürich, S. 23-41.

Newell, F. (2000): loyalty.com: customer relationship management in the new era of Internet marketing. McGraw-Hill, New York.

Nieschlag, R.; Dichtl, E.; Hörschgen, H. (1997): Marketing. 18. Auflage, Duncker & Humblot, Berlin.

Oberweis, A. (1996): Modellierung und Ausführung von Workflows mit Petri-Netzen. Teubner, Stuttgart.

Österle, H.; Fleisch, E.; Alt, R. (2001): Business Networking: Shaping Collaboration Between Enterprises. 2nd ed., Springer, Berlin et al.

Pagé, P.; Ehring, T. (2001): Electronic Business und New Economy: den Wandel zu vernetzten Geschäftsprozessen meistern. Springer, Berlin u.a.

Pendse, N.; Creeth, R, (1995): The OLAP-Report. Succeeding with Online Analytical Processing. Business Intelligence, London.

Peppers, D.; Rogers, M. (1997): Enterprise One to One: Tools for competing in the Interactive Age. Currency Doubleday, New York.

Peter, S. (1997): Kundenbindung als Marketingziel. Gabler, Wiesbaden.

Picot, A.; Reichwald, R.; Wigand, R.T. (1996): Die grenzenlose Unternehmung: Information, Organisation und Management. 2. Auflage, Gabler, Wiesbaden.

Picot, A.; Reichwald, R.; Wigand, R.T. (2001): Die grenzenlose Unternehmung: Information, Organisation und Management. 4. Auflage, Gabler, Wiesbaden.

Poddig, T.; Sidorovitch, I. (2001): Künstliche Neuronale Netze: Überblick, Einsatzmöglichkeiten und Anwendungsprobleme. In: Hippner, H.; Küsters, U.; Meyer, M.; Wilde, K.D. (Hrsg.): Handbuch Data Mining im Marketing. Vieweg, Wiesbaden, S. 363-402.

Poe, V. (1995): Building a Data Warehouse for Decision Support. Prentice Hall, Upper Saddle River, NJ.

Porter, M.E. (1996): What is Strategy? In: Harvard Business Review, Nov.-Dec. 1996, S. 61-78.

Probst, A.R.; Wenger, D. (1998): Elektronische Kundenintegration. Vieweg, Wiesbaden 1998.

Probst, G.; Raub, S.; Romhardt, K. (1999): Wissen managen: wie Unternehmen ihre wertvollste Ressource optimal nutzen. 3. Auflage, Gabler, Wiesbaden.

Pyle, D. (1999): Data Preparation for Data Mining. Morgan Kaufmann, San Francisco.

Quinlan, J.R. (1993): C4.5 Programs for Machine Learning. Morgan Kaufmann, San Mateo, CA.

Rayport, J.F.; Sviokla, J.J. (1999): Exploiting the Virtual Value Chain. In: Tapscott, D. (ed.): Creating Value in the Network Economy. Harvard Business School Pr, S. 35-51.

Reichheld, F.; Schefter, P. (2001): Warum Kundentreue auch im Internet zählt. In: Harvard Business Manager, 1/2001, S. 70-80.

Reid Smith, E. (2000): e-Loyalty. Harper Business, New York.

Sandoe, K.; Corbitt, G.; Boykin, R. (2001): Enterprise Integration. John Wiley & Sons, New York.

Schettino, J.; O'Hara, L. (2000): CORBA. MITP-Verlag, Bonn.

Schinzer, H. (1997): Management mit Maus und Monitor. Vahlen, München.

Schneider, K. (2001): Geschäftsmodelle in der Internet-Ökonomie. In: Ahlert, D.; Becker, J.; Kenning, P.; Schütte, R. (Hrsg.): Internet & Co. im Handel. 2. Auflage, Springer, Berlin u.a., S. 125-140.

Schulze, J. (2000): Prozessorientierte Einführungsmethode für das Customer Relationship Management. Bamberg.

Schwetz, W. (2000): Customer Relationship Management. Mit dem richtigen CAS/CRM-System Kundenbeziehungen erfolgreich gestalten. Gabler, Wiesbaden.

Shaw, R. (1991): Computer Aided Marketing & Selling. Butterworth-Heinemann, Oxford.

Stickel, E. (2001): Informationsmanagement. Oldenbourg, München.

Thaler, K. (2001): Supply Chain Management. 3. Auflage, Fortis-Verlag, Köln.

Tresch, M.; Rys, M. (1997): Data Warehousing Architektur für Online Analytical Processing. In: HMD – Theorie und Praxis der Wirtschaftsinformatik, 195: Data Warehouse. Dpunkt, Heidelberg, S. 56-75.

Upton, D.M.; McAfee, A. (1999): The Real Virtual Factory. In: Tapscott, D. (ed.): Creating Value in the Network Economy. Harvard Business School Pr, S. 69-89.

Vernin, B. (1996): Transaktionsrisiken im Retail-Banking: Verringerung der Unsicherheit bei der Anbahnung und Abwicklung des Geschäfts mit Retail-Kunden. Haupt, Bern.

Vossen, G. (1994): Datenmodelle, Datenbanksprachen und Datenbank-Management-Systeme. Addison-Wesley-Longman, Bonn.

Wehrli, H.P.; Jüttner, U. (1994): Beziehungsmarketing: Konzepte und Konsequenzen. Arbeitspapier des Instituts für betriebswirtschaftliche Forschung an der Universität Zürich. Zürich.

Weingärtner, S. (2001): Web Mining – Ein Erfahrungsbericht. In: Hippner, H.; Küsters, U.; Meyer, M.; Wilde, K.D. (Hrsg.): Handbuch Data Mining im Marketing. Vieweg, Wiesbaden, S. 889-903.

Witt, F.-J. (2000): Controlling. Kohlhammer, Stuttgart.

Wittig, P. (2000): Die datenschutzrechtliche Problematik der Anfertigung von Persönlichkeitsprofilen. In: RDV 2000, Heft 2, S. 59-62.

Wittlage, H. (1998): Moderne Organisationskonzeptionen: Grundlagen und Gestaltungsprozeß. Vieweg, Wiesbaden.

Workflow Management Coalition (WFMC) (1998): The Workflow Reference Model. Document No. TC00-1003. Document Status Draft 1.1, 19.11.1998.

Zerdick, A.; Picot, A.; Schrape, K. u.a. (2001): Die Internet-Ökonomie: Strategien für die digitale Wirtschaft. 3. Auflage, Springer, Berlin u.a.

Schlagwortverzeichnis

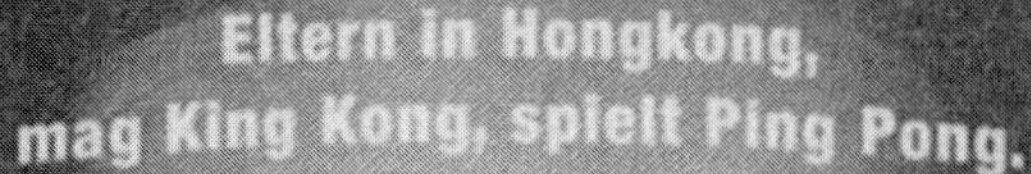

Erfolg hat, wer seine Kunden kennt. SAS Software für Customer Relationship Management (CRM) hilft Ihnen dabei. Vernetzen und analysieren Sie Ihre Kundeninformationen und prognostizieren Sie Kundenverhalten und Kundenbedarf. Egal, ob es sich um Flugtickets, Videos oder Sportartikel handelt. Mit der Enterprise Marketing Automation (EMA) Lösung von SAS bringen Sie dann das richtige Angebot zur passenden Zeit über das geeignete Medium zu Ihren Kunden. Automatisch! Wenn Sie mehr wissen wollen:

www.sas.de oder 0 62 21/4 15 - 1 23

The Power to Know.   Ssas

Karriere-Bausteine

Horst G. Kaltenbach
Career Engineering
Wie Sie in IT- und Ingenieurberufen Karriere machen
2001. ca. 250 S. mit 6 Abb. Geb. ca. € 24,00   ISBN 3-528-05777-7
Vorurteile - Entscheidende Fragen - Unternehmen und Job auf dem
Prüfstand - Das "Unternehmen Ich" systematisch entwickeln (Karrie-
replanung - Ins Spiel kommen - Wertsteigerung) - Karriereknicks
bewältigen - Sich wie Gewinner bewerben - Eine Karriere-Vision

**Vieweg Berufs- und Karriere-Planer:
Mathematik 2001 - Schlüsselqualifikation für
Technik, Wirtschaft und IT**
Für Studenten und Hochschulabsolventen.
Mit 150 Firmenprofilen und Stellenanzeigen
2001. 483 S. Br. € 14,90   ISBN 3-528-03157-3
*„Nie vorher sind so ausführlich und so kompetent Fragen im Umkreis von
Studium und Berufswirklichkeit der Mathematik beantwortet worden.
Gratulation an den Vieweg Verlag zu diesem Buch!"*
www.mathematik.de, 16.2.01

Notger Carl/Rudolf Fiedler/William Jórasz/Manfred Kiesel
Grundkurs Betriebswirtschaftslehre
Eine kompakte Einführung in 7 Kapiteln für praktisch tätige
Ingenieure, Informatiker und Mathematiker
2001. XII, 206 S. mit 73 Abb. Br. € 19,00   ISBN 3-528-05750-5
Marketing - Controlling - Organisation - Finanzierung - Projektmana-
gement - Unternehmensführung

Abraham-Lincoln-Straße 46
65189 Wiesbaden
Fax 0611.7878-400   Stand 1.10.2001. Änderungen vorbehalten.
www.vieweg.de   Erhältlich im Buchhandel oder im Verlag.